FORSCHUNGSBERICHTE DES LANDES NORDRHEIN-WESTFALEN

Nr. 1906

Herausgegeben im Auftrage des Ministerpräsidenten Heinz Kühn
von Staatssekretär Professor Dr. h. c. Dr. E. h. Leo Brandt

DK 666.3.047.001.1 : 666.327

Obering. Gerhard Piltz

Institut für Ziegelforschung, Essen

Untersuchungen an Ziegelrohstoffen in bezug auf das Trocknungsverhalten und dessen Verbesserung

WESTDEUTSCHER VERLAG · KÖLN UND OPLADEN 1968

ISBN 978-3-663-06503-6 ISBN 978-3-663-07416-8 (eBook)
DOI 10.1007/978-3-663-07416-8

Verlags-Nr. 011906

Gesamtherstellung: Westdeutscher Verlag

Inhalt

1. Anlaß und Zweck der Arbeit

Die Forderung zur Bereitstellung größerer Baustoffmengen für die Beseitigung von Kriegsschäden führte im Verein mit der Notwendigkeit zur Rationalisierung der Ziegeleien relativ schnell und allgemein zum Übergang von dem hergebrachten Saisonbetrieb zum Ganzjahresbetrieb. Voraussetzung dazu war vornehmlich der Wechsel von der natürlichen zur künstlichen Trocknung. Zwar ist hierzu ein größerer Investitions- und insbesondere ein beachtlicher Energieaufwand notwendig. Die Erfahrung zeigt aber, daß diese Mehrkosten durch bessere Ausnutzung der Anlagen, durch Verminderung der witterungsbedingten Ausfälle und durch Wegfall aller Umstände, die mit der Unterbrechung, der Freisetzung von Arbeitskräften und der Neubildung einer Belegschaft bei Wiederingangsetzung zwangsweise verbunden sind, mehr als wettgemacht werden. Natürlich kommt der ganzjährige Betrieb auch den Bestrebungen, das Bauen im Winter fortzusetzen, entgegen.
Künstliche Trockenanlagen können naturgemäß nur richtig dimensioniert und wirtschaftlich betrieben werden, wenn hierzu zumindest ausreichende Erfahrungswerte, besser wissenschaftlich erarbeitete Grundlagen zur Verfügung stehen. Zwar ist auf dem Gebiet der Trocknung insgesamt schon viel wissenschaftlich gearbeitet worden, und auch auf dem Gebiet der Trocknung keramischer Erzeugnisse wurde eine ganze Reihe von Arbeiten durchgeführt. Es zeigen sich aber dennoch große Lücken speziell auf dem Gebiet der Trocknung naßgepreßter großformatiger grobkeramischer Erzeugnisse und insbesondere von Ziegeln. Das erklärt sich daraus, daß Ziegel aus örtlich gegebenen trockentechnisch verschiedenartigsten Rohstoffen hergestellt werden müssen und daß das Verhalten des Ziegels bei der Trocknung außer vom Rohstoff in hohem Maße von der Aufbereitung, von der Formgebung und nicht zuletzt von der Form und ihrer Größe maßgeblich beeinflußt wird.
Aus der Summe der sich daraus ergebenden Probleme soll in der vorliegenden Forschungsarbeit ein Beitrag zu einem begrenzten Ausschnitt geleistet werden, wobei der Schwerpunkt auf die praktische Nutzbarkeit der Ergebnisse für die Betriebe gelegt wurde. Das hatte auch zur Voraussetzung, daß die Untersuchungen an einer möglichst großen Zahl von Rohstoffen durchgeführt wurden. Ergänzende Arbeiten werden im Rahmen anderer Forschungsaufträge durchgeführt, um so allmählich die große Anzahl von noch vorhandenen Lücken zu schließen.

2. Bekanntes über das Trocknungsverhalten naßgepreßter Ziegelformlinge

Das Trocknungsverhalten der Ziegelformlinge wird von verschiedenen Einflußgrößen bestimmt. Verfahrensseitig sind dies vor allem Temperatur, relative Feuchte und Strömung der Trocknungsluft. Hierauf näher einzugehen, erübrigt sich, da die Theorie der Dampf-Luft-Gemische seit langem bekannt ist. Die weiteren Einflüsse ergeben sich aus dem Ziegelformling selbst. Verschiedene Wissenschaftler haben sich mit diesen befaßt und Hinweise auf die Verursachung der Trockenrißbildung gegeben.

Über die Trocknung feuchter Tonkörper ist generell bekannt, daß diese von einer Volumenschwindung begleitet ist und daß der außen einsetzende Wasserentzug die Entstehung eines Feuchtegefälles zur Folge hat. Die Neigung zur Rißbildung ist nach KRISCHER [1] durch die kapillare Leitfähigkeit des Materials begrenzt, die nach WINKLER [2] hauptsächlich in Abhängigkeit von der Korngrößenverteilung steht. Aus Untersuchungen an italienischen Ziegeltonen, die zu Hohlwaren verarbeitet werden, sowie aus Erfahrungen der Industrie zog WINKLER den Schluß, daß für ein günstiges Trocknungsverhalten der Anteil der Teilchen unterhalb etwa 0,6 μm ∅ möglichst gering sein muß und daß im übrigen eine sich gegen den Feinstkornbereich hin langsam senkende Korngrößenverteilungskurve, d. h., das Vorhandensein erheblicher Mengen mittlerer Korngrößen zwischen 20 und 2 μm ∅ neben gröberen und feineren Teilchen, für die kapillare Wegsamkeit und damit für die Trocknung vorteilhaft ist. NIESPER und andere sehen im Korngrößenanteil < 2 μm ∅ eine für die Beurteilung des Trocknungsverhaltens fruchtbare Bezugsgröße [3], und CORRENS [4] weist weiter auf die den Trocknungsprozeß beeinflussende unterschiedliche Quellfähigkeit der hauptsächlich in diesem Feinton- und kolloidalen Korngrößenbereich vorhandenen silikatischen Tonminerale hin, von denen er bei einer Reihenuntersuchung von 45 Ziegeltonen hauptsächlich dioktraedrischen Illit, daneben, in kleineren Anteilen, Kaolinit, Montmorillonit und Chlorit feststellte. Namentlich durch das quellfähige Tonmineral Montmorillonit wird nach Veröffentlichung von CORRENS [4] und von MÜLLER [5] das Trocknungsverhalten der Tone ungünstig beeinflußt. BIEHL [6] stellte nach einer Untersuchung mehrerer mitteldeutscher Materialien erhöhte Trockenempfindlichkeit bei Tonen mit dominierenden Anteilen von Montmorillonit- oder Halloysit-Mineralen, mittlere Trockenempfindlichkeit bei dominierend illitischen und geringe Trockenempfindlichkeit bei dominierend kaolinitischen Tonen fest.

Die aus der Korngrößenverteilung und der mehr oder weniger großen Quellfähigkeit der Tonminerale resultierenden Einflüsse bestimmen also die kapillare Leitfähigkeit, und je geringer diese ist, um so steiler wird, im Falle konstanter Zustandsgrößen der Trocknungsluft, das von innen nach außen führende Feuchtegefälle sein. Selbstverständlich hängt das Feuchtegefälle im Körper auch von der Geschwindigkeit des Wasserentzuges ab. In jedem Fall tritt die Schwindung zuerst im Oberflächenbereich auf. FALKE wies nach, daß in den äußeren Schichten Zugspannungen, in den inneren Druckspannungen entstehen [7]. Die Trockenrißbildung ist nach CORRENS »auf die beim Trocknen auftretenden Schwindungsunterschiede zwischen dem Inneren und dem Äußeren des Formlings zurückzuführen, die am Schluß des Trocknungsprozesses wieder ausgeglichen sind« [4]. Vielfach wird angenommen, daß Körper aus Ziegeltonen mit größerer Trockenschwindung auch erhöhten Zugspannungen im Oberflächenbereich ausgesetzt sind, und NIESPER nennt einen Grenzwert von 7,5% linearer Trockenschwindung, oberhalb welchem eine längere Trockenzeit vorzusehen sei als für weniger schwindende Tone [3]. NAUMOV stellt hierzu fest, daß bei Tonen vor der Trockenrißbildung eine von Material zu Material unterschiedlich große Zugdehnung stattfindet, die für den Grad der zulässigen Wasserentzugsgeschwindigkeit mitbestimmend ist [8].

BIGOT schließlich bezeichnet die im ersten Trocknungsabschnitt entzogene Feuchte als das von den Kolloiden gebundene Plastizitätswasser, die restliche, im zweiten Abschnitt entzogene als das die Leerräume zwischen den Partikeln füllende Porenwasser [9]. Er zeigt an Kurven des Wasserentzuges in Abhängigkeit von der linearen Trockenschwindung, daß die Schwindung nach Austritt des Plastizitätswassers praktisch beendet ist und gibt an, daß zur Vermeidung von Rissen bis dahin langsam getrocknet werden muß, während beim anschließenden Entzug des Porenwassers eine schnelle Trocknung der Tonkörper zulässig ist.

Vorstehende Ausführungen beziehen sich ausschließlich auf das Trocknungsverhalten des Rohstoffs bzw. der daraus gefertigten Körper ganz allgemein. Weitere Einflüsse ergeben sich aus der betrieblichen Fertigung. Seitens unseres Institutes wurde bereits darauf hingewiesen, daß die Neigung zur Trockenrißbildung weitgehend mitbestimmt wird vom Homogenitätsgrad der Masse (Aufbereitungsfaktor), von der Art der Verformung (Formgebungsfaktor), von der Größe und gegebenenfalls wechselnden Wanddicke der Körper (Formfaktor), von der Beschaffenheit der Formlingsoberfläche (Oberflächenfaktor) und von der Temperatur der Formlingsmasse (Massetemperaturfaktor) [10, 11].

Bei den im Rahmen dieser Forschungsarbeit durchgeführten Labor- und Betriebsuntersuchungen wurden die seitherigen Erkenntnisse unter besonderer Berücksichtigung der in der Ziegelindustrie zur Verarbeitung kommenden Rohstoffe weiter verfolgt und neue Erkenntnisse gewonnen.

3. Versuchsanordnung zur Feststellung der das Trocknungsverhalten bestimmenden Materialkenngrößen

Als wesentlichste Kenngrößen, die zur Bestimmung des Trocknungsverhaltens von Ziegelrohstoffen ermittelt werden müssen, wurden der Wassergehalt und die lineare Trockenschwindung bei verformungsgerechter Konsistenz, die Korngrößenverteilung, der Tonmineralbestand, die Bigotkurve und der Grad der Trockenrißempfindlichkeit bzw. der Trocknungsbruchanfälligkeit angesehen.

3.1 Probenvorbereitung

Für die vorgenommenen Untersuchungen und Versuche mit Ausnahme der Korngrößen- und Mineralbestimmung erschien es zweckmäßig, sämtliche herangezogenen Rohstoffproben zunächst bei 50° C zu trocknen, mittels Scheibenmühle bei einer Spaltweite von 2 mm zu zerkleinern und dann unter Hinzufügen von destilliertem Wasser durch gründliche Verknetung zu einer verformbaren Masse anzumachen. Nach 24stündiger Lagerung unter Luftabschluß wurde die Masse durch Kneten auf einer trockenen Gipsplatte auf eine einheitliche Steife von $h_0/h_1 = 2{,}0$ unter Verwendung des Pfefferkornschen Apparates gebracht. Diese Massesteife entspricht den Erfahrungen nach der mittleren bei der betrieblichen Naßverformung von Ziegelrohstoffen angewandten Konsistenz.

3.2 Bestimmung von Anmachewassergehalt und linearer Trockenschwindung

Die Feststellung des auf Trockensubstanz bezogenen Anmachewassergehaltes sowie der linearen Trockenschwindung erfolgte an prismatischen Körpern $80 \times 40 \times 12$ mm in der bekannten Weise [12].

3.3 Bestimmung des Korngrößen- und Mineralbestandes

Die Korngrößenverteilung wurde für den Bereich $> 40\ \mu m$ ⌀ mittels Naß-Trocken-Siebanalyse [13] bestimmt, für den Bereich $< 40\ \mu m$ ⌀ mittels Sedimentationsanalyse

nach ANDREASEN [14], und zwar unter Verwendung von Natriumpyrophosphat als Peptisationsmittel. Hierbei kam der Sedimentationsapparat nach ESENWEIN zur Anwendung, ein abgeänderter ANDREASEN-Zylinder mit 20 cm Fallhöhe in der vom Steinkohlenbergbau-Verein und von RINTELEN entwickelten Mehrzylinderausführung mit thermostatisch geregelter Konstanthaltung der Temperatur. Die Durchführung und Ergebnisberechnung erfolgte analog DIN 51033.
Soweit der Mineralbestand bestimmt wurde, erfolgte dies röntgenographisch nach dem Zählrohrverfahren.

3.4 Erstellung von Bigotkurven

Die Bigotkurven, die den Verlauf der linearen Trockenschwindung in Abhängigkeit des Wasserentzugs zeigen, wurden mittels Barelettograph aufgenommen (Abb. 1). Hierbei handelt es sich um ein von den Laboratorien von Acieries d'Imphy, Paris, entwickeltes Gerät.
Abb. 2 zeigt eine Bigotkurve als Beispiel. Der Schnittpunkt des relativ steil abfallenden ersten Teils starker Schwindung mit dem flach verlaufenden späteren Teil zeigt den sogenannten kritischen Punkt an, bis zu dem in der Praxis vorsichtig und von dem an unter verschärften Wasserentzugsbedingungen zu trocknen ist.

3.5 Bestimmung der Trockenrißempfindlichkeit und Trocknungsbruchanfälligkeit

Zur unmittelbaren Erfassung des Grades der Anfangsrißempfindlichkeit bei erhöhter Trocknungsbelastung wurde der im Institut entwickelte und bereits im Rahmen des im Jahre 1964 veröffentlichten Forschungsberichtes des Landes Nordrhein-Westfalen Nr. 1351 bei Bohrprobenuntersuchungen angewandte Test gewählt [12]. Zum besseren Verständnis sei dieser hier noch einmal kurz beschrieben.
Der feuchte quaderförmige Testkörper $80 \times 40 \times 24$ mm wird, mit einer seiner beiden großflächigen Seiten auf einer Glasplatte liegend, in einem Klimaschrank mit allseitiger Beobachtungsmöglichkeit einem Luftstrom von bestimmter Temperatur, relativer Feuchte, Geschwindigkeit und Strömungsrichtung ausgesetzt (Abb. 3). Die Trocknung wird einheitlich mit $t = 80°$ C, $\varphi = 0{,}03$ und $v = 0{,}5$ m/s betrieben.
Als Vergleichsmaß für die Trockenrißempfindlichkeit gilt die Zeit, nach welcher an der Probe Risse auftreten. In der Regel bilden sich diese unter der Glasabdeckung an der dem Luftstrom abgekehrten Seite. Sie können über einen Spiegel durch ein Fenster des Klimaschrankes vom Prüfer beobachtet werden.
Eine mittlere Trockenrißempfindlichkeit liegt den Erfahrungen nach vor, wenn die Rißbildung zwischen ca. 6–10 min einsetzt. Frühere Rißbildungen weisen auf starke, spätere auf nur geringe Empfindlichkeit hin.
Obwohl bei diesem Prüfverfahren die zur Vereinfachung vorgenommenen Beschränkungen auf nur eine und zur Abkürzung obendrein verschärfte Trockenbelastung naturgemäß Fehlerquellen einschließen kann, haben sich aus einer großen Anzahl von Vergleichsuntersuchungen zwischen Labortest und praktischem Verhalten bisher keine grundsätzlichen Widersprüche gezeigt. Es erschien jedoch zweckmäßig, den Aussagewert für die Praxis durch Mitberücksichtigung des Trockenschwindvermögens der jeweiligen Masse zu erhöhen. Im Verlaufe der häufigen Durchführung des Tests konnte nämlich beobachtet werden, daß bei Weiterführung dieser Untersuchung über den Zeitpunkt der ersten Rißbildung hinaus zunächst ein Aufklaffen der Risse in Verbindung mit einer Verlängerung derselben auftritt, und zwar um so stärker, je größer das lineare

Schwindmaß der betreffenden Ziegelrohstoffproben ist. Das von Material zu Material unterschiedlich starke »Weiterreißen« ist als weiteres Kriterium im Sinne des Trockenverhaltens zu werten, denn in der Praxis wird ein nur mit kleinen Rissen behafteter Ziegelformling meist noch zu verwenden sein, ein stark gerissener hingegen geht oft schon in der Trockenanlage zu Bruch, spätestens jedoch im weiteren Produktionsgang.
Es lag nahe, die beiden Größen »Schwindung« und »Zeit bis zur ersten Rißbildung« zur Ausrechnung eines Vergleichswertes zu verbinden, der in dem für die Trocknung interessierenden Bereich anwendbar erscheint und unmittelbar das angibt, was man im Hinblick auf die Praxis als »Trocknungsbruchanfälligkeit« ansprechen kann*.

Bezeichnet man die Trocknungsbruchanfälligkeit kurz mit »T_b«, so ist

$$T_b = \frac{\text{lineare Trockenschwindung (\%)}}{\text{Zeit bis zur ersten Rißbildung (min)}}$$

Die Bedeutung der verschiedenen T_b-Wert-Bereiche ist aus Tab. 1 zu ersehen.

Tab. 1

Trocknungsbruchanfälligkeit T_b	Bezeichnung des Anfälligkeitsgrades
ca. > 2,0	außerordentlich trocknungsbruchanfällig
2,0–1,4	hoch trocknungsbruchanfällig
1,4–0,9	erhöht trocknungsbruchanfällig
0,9–0,5	noch trocknungsbruchanfällig
0,5–0,2	wenig trocknungsbruchanfällig
< 0,2	nicht trocknungsbruchanfällig

4. Reihenuntersuchungen zur Ermittlung der Beziehungen zwischen bestimmten Materialkenngrößen und der Trocknungsbruchanfälligkeit von Ziegelrohstoffen

4.1 Höhe des Anmachewasserbedarfs

Im Hinblick auf die Bedeutung des Wassers für die Trocknung wurde zunächst an 250 Ziegelrohstoffproben die Höhe des auf Trockensubstanz berechneten Anmachewasserbedarfs bei einer Massesteife von $h_0/h_1 = 2{,}0$ nach PFEFFERKORN festgestellt, um einen orientierenden Überblick zu gewinnen.
Das Ergebnis zeigt Abb. 4. Hiernach erstrecken sich die Anmachewasserbedarfswerte von 12 bis 42%. Es möchte angemerkt werden, daß es sich bei den Proben mit 12–16% Wasser um sehr magere grobsandige Lehme handelt, die ohne Zusatz von plastischem Material kaum zu verarbeiten sind, bei den mit ca. 30–42% hingegen um fette Ziegeltone, die man in der Praxis mit Magerungsgut bis zu einer Höhe von ca. 30% versetzt.

* Dieser Begriff ist nicht zu verwechseln mit »Trockenbruchanfälligkeit«, die sich auf die Bruchneigung des fertiggetrockneten Gutes beim innerbetrieblichen Transport bezieht.

Die größten Häufigkeiten liegen, wie man sieht, zwischen 18 und 26% Anmachewasser; sie umfassen etwa die Hälfte aller geprüften Rohstoffe.
Die Darstellung macht im übrigen deutlich, daß es schon im Hinblick auf die erheblichen Unterschiede im Wassergehalt nicht möglich ist, von Trockenanlagen einheitlicher Auslegung selbst im Falle der Herstellung einheitlicher Körper die gleiche Leistung zu erwarten, sofern verschiedene Ziegelrohstoffe zur Verarbeitung kommen.

4.2 Anmachewasserbedarf und Trocknungsbruchanfälligkeit

Geht man von der Annahme aus, daß das Wasserbindevermögen von Stoffen mit bildsamen und unbildsamen Anteilen neben der Benetzung auf Quellung beruht, so liegt der Gedanke nahe, daß bei Ziegeln im Falle der Trocknung das Feuchteleitvermögen um so geringer und die Rißempfindlichkeit um so größer wird, je stärker das namentlich durch Quellung bedingte Wasserbindevermögen ist. Da sich das Wasserbindevermögen in der Höhe des Anmachewasserbedarfs ausdrücken könnte und diese auch mitbestimmend für das Ausmaß der Trockenschwindung ist, erschien es wissenswert, ob eine Beziehung zwischen Anmachewasserbedarf und Trocknungsbruchanfälligkeit besteht. In Abb. 5 sind daher die entsprechenden Werte von 150 Ziegelrohstoffproben gegenübergestellt.
Das Diagramm läßt erkennen, daß eine derartige Beziehung generell *nicht* besteht. Immerhin kommen mit relativ großer Häufigkeit z. B. Anmachewasserbedarfswerte von ca. 20 bis 40% bei ein und derselben Trocknungsbruchanfälligkeit und T_b-Werte von ca. 0,4 bis 2,0 bei gleichem Anmachewasserbedarf vor.

4.3 Ausmaß der linearen Trockenschwindung bei Ziegelrohstoffen

Im Vorstehenden wurde wiederholt auf die Bedeutung des Trockenschwindvermögens eines Rohstoffes für den Trocknungsvorgang hingewiesen. Um einen Überblick über die bei Ziegelrohstoffen vorkommenden Ausmaße der linearen Trockenschwindung zu gewinnen, wurden die entsprechenden Werte von 250 Ziegelrohstoffproben im Häufigkeitsdiagramm Abb. 6 erfaßt.
Auch hier beziehen sich die niedrigsten Schwindungswerte auf sehr magere, die höchsten auf sehr fette Materialien. Es muß aber angemerkt werden, daß recht hohe lineare Schwindungen (z. B. 8–10%) auch an zwar relativ feinkörnigen, jedoch nicht sonderlich bindefähigen Rohstoffen (sogenannten Schlufftonen) vorkommen. Dies erklärt sich daraus, daß die Schwindung nicht nur der Quellung der Tonminerale entspricht, sondern auch von der Wasserumhüllung der unplastischen Massebestandteile abhängt, wobei zu beachten ist, daß feinkörnigeres Gut in jedem Falle eine größere Benetzungsoberfläche als gröberes Gut aufweist.
Die größte Häufigkeit liegt, wie man sieht, bei 5–6% linearer Trockenschwindung, doch ist auch der Anteil der Proben mit 2–3% recht hoch. Bei letzteren handelt es sich allerdings ausnahmslos um Materialien, die nur zu einfachen Vollziegeln zu verarbeiten sind.

4.4 Lineare Trockenschwindung und Trocknungsbruchanfälligkeit

Nach Krischer [1] und Correns [4] resultiert, wie gesagt, die Rißbildung beim Trocknen hauptsächlich aus Schwindungsunterschieden an einem Körper, z. B. zwischen außen und innen. Es erhebt sich die Frage, ob die naturgegebene Trocknungsbruchanfälligkeit *ausschlaggebend* von der Größe des Schwindvermögens eines Ziegelrohstoffes bestimmt wird. Daher wurden die entsprechenden Werte von 150 Ziegelrohstoffproben in einem Diagramm gegenübergestellt (Abb. 7).

Da im T_b-Wert die lineare Trockenschwindung bereits berücksichtigt ist, müßten die Diagrammpunkte im Falle des ausschlaggebenden Einflusses der Schwindung auf die Trocknungsbruchanfälligkeit annähernd auf einer Linie liegen. Dies ist jedoch, wie man sieht, keineswegs der Fall. Zwar besteht, im großen und ganzen gesehen, mit zunehmendem Schwindmaß eine gewisse Tendenz zu höheren T_b-Werten, doch sind die Abweichungen im einzelnen beträchtlich. Sogar im Bereich relativ geringer Trocknungsbruchanfälligkeit kommen Schwindwerte sowohl von ca. 7% als auch von 3% vor, und im mittleren Bereich sind die Streuungen mit Werten von 9,4 bis 3,3% noch größer. Bei linearen Trockenschwindungen von z. B. 7 bis 8% kann man T_b-Werte von ca. 0,7 bis über 2,4 feststellen. Dies alles gibt zu erkennen, wie stark die T_b-Werte vom Grade der Rißempfindlichkeit bestimmt werden.
Es ist mithin nicht möglich, die Größe der Trocknungsbruchanfälligkeit von Ziegelrohstoffen bereits am Ausmaß der linearen Trockenschwindung zu erkennen.

4.5 Abhängigkeit des Anmachewasserbedarfs, der linearen Trockenschwindung sowie der Trocknungsbruchanfälligkeit vom Zerkleinerungsgrad bei Tonschiefer

Die namentlich im nordrhein-westfälischen Raum häufig zu Ziegeleierzeugnissen verarbeiteten Tonschiefer- und Tonsteinmaterialien nehmen insofern eine Sonderstellung ein, als hier sowohl die Verarbeitbarkeit als auch die Trocknungseigenschaften ausschlaggebend vom Zerkleinerungsgrad bestimmt werden. Daß die Anmachewasserbedarfshöhe mit gesteigerter Zerkleinerung wächst, ist allein schon dadurch begründet, daß sich die mit Wasser benetzbare Gesamtoberfläche der Teilchen erhöht. In welchem Ausmaß sich dies vollziehen kann und wie es sich auch auf die Trockenschwindung auswirkt, sei an einem Modellbeispiel erklärt. Herausgegriffen wurde hierzu ein Tonschiefer aus dem nördlichen Sauerland.
Die erste Zerkleinerungsstufe ergab sich aus der betrieblichen Aufbereitung zu einem zu Mauerziegeln verarbeitbaren Material (Naßkollergang – Feinwalzwerk 1000 mm ∅ – Rundbeschicker – Doppelwellenmischer – Naßpresse). Die weiteren Zerkleinerungsstufen wurden durch Mahlung dieser betriebsaufbereiteten Masse mittels Scheibenmühle auf eine Körnung von < 1 mm, $< 0{,}6$ mm und $< 0{,}2$ mm ∅ hergestellt. Zur Orientierung erfolgte die Naßtrockensiebung je eines abgezweigten Teiles dieser vier Materialproben zur Ermittlung des jeweiligen Masseanteiles von < 40 µm ∅ (Tab. 2).

Tab. 2

Probe Nr.	Zerkleinerungsart	Korngrößenanteil < 40 µm ∅
I	Betriebsaufbereitung	52,56%
II	Mahlung auf 1,0 mm ∅	58,45%
III	Mahlung auf 0,6 mm ∅	63,00%
IV	Mahlung auf 0,2 mm ∅	76,00%

Die Werte des Anmachewasserbedarfs sowie der linearen Trockenschwindung ergeben sich aus Abb. 8. Man sieht, daß in einem solchen Fall sich beide fast gleich gerichtet entwickeln.
Anders ist dies mit der Trocknungsbruchanfälligkeit, die erst von einer bestimmten Zerkleinerungsstufe ab, dann aber sogleich heftig, in Erscheinung tritt.
Der Test auf Trocknungsbruchanfälligkeit fiel entsprechend Tab. 3 aus.

Tab. 3

Probe Nr.	T_b-Werte	Beurteilung
I	0,13	nicht trocknungsbruchanfällig
II	0,14	nicht trocknungsbruchanfällig
III	0,15	nicht trocknungsbruchanfällig
IV	0,83	noch trocknungsbruchanfällig

Da die verschiedenen Tonschiefer wie alle anderen Ziegelrohstoffe Unterschiede im mineralogischen Aufbau und darüber hinaus auch in der Härte bzw. Mahlbarkeit aufweisen, liegt es in der Natur der Sache, daß die Anmachewasser-, Schwindungs- und Trockenempfindlichkeitswerte dieser Materialien innerhalb der einzelnen Zerkleinerungsstufen variieren. Diesbezügliche Untersuchungen an 30 Tonschiefern haben aber ergeben, daß die Tendenz hier allgemein in der gleichen Richtung liegt. Es bedarf allerdings des Hinweises, daß Zerkleinerungsgrade wie bei Probe IV bei der üblichen betrieblichen Zerkleinerung in der Regel nicht angetroffen wurden, weshalb eine nennenswerte Trocknungsbruchanfälligkeit bei Tonschiefern etc. in der Praxis auch äußerst selten auftritt.

4.6 Kornverhältnisse und Trocknungsbruchanfälligkeit

4.6.1 Anteil < 2 µm ∅ *und Trocknungsbruchanfälligkeit*

Der Anteil der Fein- und Kolloidtonfraktion < 2 µm ∅ wird für die Beurteilung des Trocknungsverhaltens von *Tonen* als eine wesentliche Bezugsgröße angesehen [3]. Welche Beziehung zwischen der Größe dieser Fraktion und der Trocknungsbruchanfälligkeit von Ziegelrohstoffen besteht, sollte sich aus der Gegenüberstellung der entsprechenden Werte in Abb. 9 ergeben. Hierzu wurden 60 aus verschiedenen Gegenden stammende Proben der Korngrößenanalyse gemäß Abschnitt 3.3 unterzogen.

Das Diagramm läßt keine ausgeprägte Abhängigkeit der Trocknungsbruchanfälligkeit dieser Ziegelrohstoffe vom Umfang der Fein- und Kolloidtonfraktion erkennen. Es ergibt sich lediglich, daß 75% derjenigen Proben, deren Anteil < 2 µm ∅ 27% übersteigt, im Bereich der erhöhten Trocknungsbruchanfälligkeit liegen, während sich 70% der Proben mit weniger als 27 Anteilsprozenten auf die Bereiche geringerer Trocknungsbruchanfälligkeit verteilen. Nicht zu übersehen ist demgegenüber die weite Streuung der Korngrößenanteile < 2 µm ∅ innerhalb der verschiedenen T_b-Wert-Bereiche, insbesondere im Bereich 0,9–0,5 (»noch trocknungsbruchanfällig«), wo sich diese Anteile von 8,8 bis ca. 55% erstrecken.

Im großen und ganzen gesehen besteht also nur eine recht schwache Beziehung zwischen dem Korngrößenanteil < 2 µm ∅ und dem Grade der Trocknungsbruchanfälligkeit von Ziegelrohstoffen, woraus geschlossen werden darf, daß noch andere Einflußgrößen das Trocknungsverhalten wesentlich mitbestimmen.

4.6.2 Anteil 2–20 µm ∅ *und Trocknungsbruchanfälligkeit*

Wie weiter vorn erwähnt, hält Winkler das Vorhandensein erheblicher Mengen mittlerer Korngrößen zwischen 2 und 20 µm ∅ neben gröberen und feineren Teilchen für die kapillare Wegsamkeit und damit für die Trocknung für günstig [2]. Da Winkler diese Auffassung auf Untersuchungen an nur einer beschränkten Anzahl von Ziegelrohstoffen stützt, erschien es zweckmäßig, die Beziehung dieser Korngrößen zur Trocknungsbruchanfälligkeit an einer größeren Probenzahl zu überprüfen. Daher wurde in Abb. 10 der Umfang der Korngrößenfraktionen 2–20 μm ∅ von den für die Untersuchung gemäß Abschnitt 4.6.1 herangezogenen 60 Ziegelrohstoffen den T_b-Werten dieser Materialien gegenübergestellt.

Man ersieht aus dem Diagramm zunächst, daß die größte Häufigkeit des Anteils 2–20 μm ∅ zwischen 20–35 Anteilsprozenten liegt und die T_b-Werte hier außerordentlich streuen. Bei größeren Anteilsprozenten ist keine Tendenz zu niedriger Trocknungsbruchanfälligkeit festzustellen, bei kleineren keine Tendenz zu besonders hoher Bruchanfälligkeit.

Hiernach ist anzunehmen, daß die trocknungsbegünstigende Wirkung erheblicher Mengen von Korngrößen zwischen 2–20 μm ∅ auf wenige Ziegelrohstoffe beschränkt ist und *nicht* generell besteht.

4.6.3 *Anteil* 11–60 μm ∅ *und Trocknungsbruchanfälligkeit*

Da die mehr oder weniger quellfähigen Tonminerale eine Korngröße bis ca. 10 μm ∅ besitzen können und es unwahrscheinlich ist, daß diese, sofern in der Fraktion 2–11 μm ∅ vorhanden, die Kapillarwasserbewegung sonderlich fördern, erschien es geraten, diese Korngrößen hier einmal außer Betracht zu lassen. Außerdem erschien es im Zusammenhang mit der Frage der kapillaren Wegsamkeit vertretbar, den Begriff »mittlerer Bereich« über die Schluff- und Staubsandfraktionen bis 60 μm ∅ zu erweitern. Das Diagramm Abb. 11 soll Antwort auf die Frage geben, ob zwischen dem Korngrößenbereich 11–60 μm ∅ und der Trocknungsbruchanfälligkeit der zu den Ermittlungen der Vorabschnitte herangezogenen 60 verschiedenen Materialproben eine Beziehung besteht.

Man kann dem Diagramm entnehmen, daß die hohen T_b-Werte ($> 1{,}1$) nicht mehr vertreten sind, sofern der Korngrößenanteil 11–60 μm ∅ 45% übersteigt. Weiter ist festzustellen, daß bei den Materialien, die mit einem geringeren T_b-Wert als 0,5 im Bereich nur unbedeutender Trocknungsbruchanfälligkeit liegen, jener Korngrößenanteil mehr als 23% beträgt. Aufs Ganze gesehen, besagt dies jedoch noch nicht sehr viel, denn zwischen den nicht sonderlich niedrigen T_b-Werten von 1,1–0,5 liegt fast die Hälfte aller untersuchten Materialien mit teils wesentlich geringeren Anteilen als 45%, und unter 0,5 befindet sich nur knapp ein Viertel dieser Rohstoffe.

Die Verhältnisse liegen hier also ähnlich wie beim Korngrößenbereich < 2 μm ∅, d. h., es besteht zwar eine schwache Abhängigkeit der Trocknungsbruchanfälligkeit vom Korngrößenanteil 11–60 μm ∅, doch sind offensichtlich noch andere Einflußgrößen auf das Trocknungsverhalten sehr wesentlich mitbestimmend.

Wertet man die untersuchten 60 Proben als hinreichend repräsentativ für die in der Ziegelindustrie verarbeiteten Rohstoffe, so läßt sich aus den Diagrammen der Abb. 9, 10 und 11 die Folgerung ziehen, daß die an sich naheliegende Annahme, größere Anteile des Korngrößenbereiches < 2 μm ∅ bedingen eine erhöhte und größere Anteile der Bereiche 2–20 μm ∅ bzw. 11–60 μm ∅ eine geringere Trocknungsbruchanfälligkeit, nur für einen begrenzten Teil der Materialien zutrifft und daß mithin die alleinige Kenntnis der Korngrößenverteilung eines Ziegelrohstoffes für die Beurteilung der Trocknungsbruchanfälligkeit in der Regel nicht ausreicht.

4.7 Tonmineralbestand und Trocknungsbruchanfälligkeit

4.7.1 *Vorbemerkung zu den Untersuchungen des Tonmineraleinflusses*

Im Rahmen einer anderen, inzwischen abgeschlossenen Arbeit des Instituts ist bereits der Versuch unternommen worden, den Einfluß der Tonmineralart auf die Neigung zur

Trockenrißbildung zu klären. Hierzu wurden von 14 verschiedenen Ziegelrohstoffproben die Korngrößenfraktionen $< 2\ \mu m\ \varnothing$, in der sich die für die Trocknung maßgeblichen Tonminerale hauptsächlich befinden, röntgenografisch untersucht [12]. Obwohl bei einigen der stark rißempfindlichen Proben erhöhte Montmorillonitanteile und bei einigen der sehr wenig rißempfindlichen hohe Fireclay-Kaolinitanteile festgestellt wurden, konnte insgesamt kein eindeutiges Bild gewonnen werden.
Es erschien daher wenig sinnvoll, neue Reihenuntersuchungen in solcher oder ähnlicher Weise anzusetzen, sondern zweckmäßiger, an einigen nichtfraktionierten Rohstoffen die *Wirkungsweise* von Montmorillonit und Kaolinit näher zu ergründen, um gegebenenfalls Ansatzpunkte zu finden, wie man der insbesondere durch Montmorillonit verursachten hohen Trocknungsbruchanfälligkeit bei Ziegelrohstoffen begegnen kann.

4.7.2 Beispiele aus der Praxis für den Montmorilloniteinfluß auf die Trocknungsbruchanfälligkeit

Unter den für die Reihenuntersuchungen herangezogenen Materialien befand sich eine lößlehmartige Betriebsmischprobe »N«. Dieser Rohstoff wird in der Praxis zu Hochlochziegeln verarbeitet und neigt im ersten Trocknungsstadium erheblich zur Rißbildung. Der Anfall an totalem Trocknungsbruch im Betrieb schwankt zwischen 4–8%. Der T_b-Wert der Probe liegt bei 0,9, weist also bereits auf erhöhte Trocknungsbruchanfälligkeit hin. Die Korngrößen verteilen sich auf 26,6% $< 2\ \mu m\ \varnothing$, 25,7% 2–20 $\mu m\ \varnothing$ und 47,7% $> 20\ \mu m\ \varnothing$. Der röntgenografisch ermittelte Bestand an Tonmineralen ist mit ca. 15% Illit + 10% Montmorillonit nicht sonderlich hoch.
Da das Vorkommen deutlich verschiedenartige Schichten erkennen läßt, erschien es angezeigt, von jeder Schicht eine Sammelprobe zu entnehmen und diese auf Trocknungsbruchanfälligkeit zu prüfen. Tab. 4 gibt die T_b-Werte wieder, und zur Orientierung ist auch die jeweilige lineare Trockenschwindung aufgeführt.

Tab. 4 Werte von sechs Schichtproben des Lehmvorkommens N

Schicht Nr.	Lineare Trockenschwindung %	T_b-Wert
1	6,4	1,28
2	2,0	0,08
3	4,6	0,38
4	3,2	0,25
5	3,0	0,22
6	4,6	0,40

Eine entsprechend den Schichtmächtigkeiten zusammengesetzte Mischprobe wurde ebenfalls getestet, weiter eine solche, bei der Schicht Nr. 1, die mit Abstand den höchsten T_b-Wert aufweist, weggelassen wurde (Tab. 5). Anzumerken ist allerdings, daß der Lehm

Tab. 5 Werte von vermischten Schichtproben des Lehmvorkommens N

Schichten Nr.	Lineare Trockenschwindung %	T_b-Wert
1–6	3,9	0,84
2–6	3,5	0,29

von Schicht Nr. 1 eine wesentlich höhere Plastizität als die anderen Schichtmaterialien besitzt und daß das Werk auf dessen Mitverarbeitung, zwecks Erzielung besserer Formgebungseigenschaften, nicht verzichten möchte.
Aus der Gegenüberstellung wird deutlich, daß die Hauptmasse nur sehr wenig trocknungsbruchanfällig ist und die vergleichsweise hohe Anfälligkeit durch nur ein einziges der sechs Schichtmaterialien, nämlich Nr. 1, bewirkt wird. Dilatometrischer Überprüfung nach ist dieses Material der Träger des Montmorillonitanteils der Masse.
Bemerkenswert an dem Beispiel ist vor allem, daß eine Grubenmischung, die knapp 4% lineare Trockenschwindung aufweist und deren Montmorillonitanteil mit ca. 10% nicht sonderlich hoch erscheint, eine – betrieblich bewiesene – relativ hohe Trocknungsbruchanfälligkeit besitzt.
Nicht minder bemerkenswert jedoch erscheint der Fall eines anderen diluvialen Lehmes »HS«, der unter den zu den Reihenuntersuchungen herangezogenen Ziegelrohstoffen zu jenen gehört, die die höchste Trocknungsbruchanfälligkeit besitzen. Nachstehend die orientierenden Daten:

Tab. 6 Lehm HS

Korngrößenverteilung < 2 µm ⌀ %	2–20 µm ⌀ %	> 20 µm ⌀ %	Tonmineralbestand	%	Lineare Trockenschwindung %	T_b-Wert
21,9	23,6	54,5	montmorillonitisch- illitisch Glimmer	 ca. 20 ca. 5	9,1	2,41

Dieses in einer Mächtigkeit von ca. 1,5 m über Mergel anstehende Deckmaterial erwies sich über die ganze Höhe als einheitlich. Es läßt sich relativ gut zu Hochlochziegeln verpressen, doch weisen die Formlinge auch nach schonendstem Wasserentzug erhebliche Risse auf (Trockentest: erste Rißbildung bereits nach 3¾ min). Daher ist das Ziegelwerk zu einer Vermischung mit ca. 65% weniger trockenempfindlichem Material gezwungen, doch auch dann noch bleibt die Trocknungsbruchanfälligkeit beträchtlich ($T_b = 1{,}66$).
Im Vergleich zum zuvorgenannten Material *N* liegt die lineare Trockenschwindung des Lehmes *HS* zwar erheblich höher, doch gibt es, wie später nachgewiesen wird, Rohstoffe mit gleich hoher Schwindung, die nicht annähernd so trocknungsbruchanfällig sind.
Bei der röntgenografischen Mineralbestimmung ließ sich infolge starker Fehlordnung der Kristalle leider keine klare Abgrenzung zwischen Montmorillonit und Illit finden, doch ist aus dem Gesamtanteil dieses Tonmineralgemisches in Höhe von ca. 20% zu entnehmen, daß der Montmorillonitgehalt auch bei diesem Lehm nicht in einer sehr erheblichen Größenordnung vorliegen kann.
Auch dieser Beispielsfall scheint also die Annahme, daß bereits vergleichsweise geringe Montmorillonitanteile zur Erzeugung hoher Trockenrißempfindlichkeit führen können, zu bestätigen.

4.7.3 Bestimmung der Trocknungsbruchanfälligkeit an drei mit Montmorillonit angereicherten Ziegelrohstoffen

Um dieser Erscheinung genauer nachgehen zu können, wurden in einem Modellversuch drei verschiedene nicht trockenempfindliche Lehmproben mit 3%, 6% und 10%

Geisenheimer Aktiv-Bentonit, der zu 93% aus Montmorillonit besteht, versetzt. Die mit MG, BG und LB bezeichneten Proben sind zur Orientierung in Tab. 7 kurz charakterisiert. Tab. 8 zeigt die erhaltenen Werte der Trocknungsbruchanfälligkeit.

Tab. 7 Einige Kenndaten der Lehmproben MG, BG *und* LB

Probe	Korngrößenverteilung			Lineare Trockenschwindung
	< 2 µm ⌀	2–20 µm ⌀	> 20 µm ⌀	%
MG	32,0	34,0	34,0	3,8
BG	13,5	20,0	66,5	1,8
LB	8,0	22,6	69,4	4,4

Tab. 8 T_b-Werte der Lehmproben MG, BG und LB mit verschiedenen Bentonitzusätzen

Bentonitzusatz %	Probe MG T_b	Probe BG T_b	Probe LB T_b
0	0,13	0,06	0,15
3	1,03	0,08	0,19
6	1,25	0,38	0,42
10	2,02	0,72	1,12

Wie aus Tab. 8 zu ersehen, steigt die Trocknungsbruchanfälligkeit in allen Fällen mit zunehmendem Bentonitanteil. Aus welchem Grunde die T_b-Werte der drei verschiedenen Lehmproben bei jeweils gleich hohen Zusätzen verschieden stark zunehmen, bedarf gesonderter Klärung. Am wichtigsten erscheint die Feststellung, daß, namentlich bei den Proben MG und LB, bereits mit 10% Bentonit (und damit ca. 9,3% Montmorillonit) aus praktisch unempfindlichen Materialien solche von erheblicher Trocknungsbruchanfälligkeit wurden.

4.7.4 Beispiele für den Kaoliniteinfluß auf die Trocknungsbruchanfälligkeit

Es wurde weiter oben auf das montmorillonithaltige Material HS hingewiesen, daß eine lineare Trockenschwindung von 9,1% aufweist und mit einem T_b-Wert von 2,41 als außerordentlich trocknungsbruchanfällig anzusprechen ist.
Diesem sei gegenübergestellt ein Ziegelrohstoff »OE« mit ebenfalls 9,1% linearer Trockenschwindung, der in der Praxis zu Hochloch- und dünnwandigen Deckenziegeln verpreßt wird und, wegen seiner hohen Bildsamkeit, außerdem einem Dachziegelwerk als plastifizierendes Zusatzmaterial dient. Die orientierenden Rohstoffdaten sind in Tab. 9 wiedergegeben.
Obwohl hier der Korngrößenanteil < 2 µm ⌀ sowie die Summe der Tonminerale beträchtlich höher sind und die lineare Trockenschwindung in der gleichen Größenordnung liegt wie beim Material HS, ist die Trocknungsbruchanfälligkeit vergleichsweise gering, weil eine wesentlich geringere Rißanfälligkeit vorliegt (erste Rißbildung nach 11 min). Auch in diesem Fall ist ein kleiner Montmorillonitanteil vorhanden, doch steht diesem ein außerordentlich großer Anteil an Fireclay-Kaolinit gegenüber.
Es darf angenommen werden, daß die vergleichsweise geringe Trocknungsbruchanfälligkeit auf den Einfluß der kaolinitischen Rohstoffkomponente zurückzuführen ist.

Tab. 9 Ziegelton OE

Korngrößenverteilung < 2 µm ⌀ %	2–20 µm ⌀ %	> 20 µm ⌀ %	Tonmineralbestand %		Lineare Trockenschwindung %	T_b-Wert
45	51,6	3,4	Montmorillonit und Chlorit	ca. 5	9,1	0,83
			Serizit – Illit	ca. 10		
			Kaolinit vom Typ Fireclay	ca. 45		

In diesem Zusammenhang interessierten, zum Vergleich, die orientierenden Rohstoffdaten eines bekannten Fireclay-Kaolinittones, der wegen seines hohen Reinheitsgrades und seiner Feuerfestigkeit nicht für Zwecke der Ziegelindustrie verwendet wird (siehe Tab. 10). Es handelt sich um einen Westerwaldton LA von Langendernbach.

Tab. 10 Ton LA *(Westerwald)*

Korngrößenverteilung < 2 µm ⌀ %	2–20 µm ⌀ %	> 20 µm ⌀ %	Tonmineralbestand %		Lineare Trockenschwindung %	T_b-Wert
87,5	11,4	1,1	Glimmer	3	5	0,25
			Kaolinit, Typ Fireclay	ca. 92		

Zweifellos trägt hier auch die vergleichsweise niedrige lineare Trockenschwindung zu der sehr geringen Trocknungsbruchanfälligkeit bei. Entscheidend aber ist die minimale Rißempfindlichkeit, denn beim Trockentest ergaben sich erst nach 20 min die ersten Rißbildungen. Maßgeblich hierfür dürfte ebenfalls die diesbezügliche Wirkung des Fireclay-Kaolinites sein.
Beide Beispiele bestätigen die Annahme, daß kaolinitische Tonminerale vom Fireclay-Typ entscheidend zu niedriger Trocknungsbruchanfälligkeit eines Materials beitragen können.

4.7.5 Tonmineralart und Bigotkurve

In dem Bestreben, Näheres über den Mechanismus der Vorgänge zu ergründen, die, offenbar primär von Art und Menge des Tonmineralanteils abhängig, zu unterschiedlicher Trockenempfindlichkeit führen, erschien es geraten, die Bigotkurve zu Hilfe zu nehmen.
Von den in den Vorabschnitten charakterisierten Rohstoffen wurden daher je zwei mit dominierend montmorillonitischem und fireclay-kaolonitischem Tonmineralbestand zur Untersuchung nach BIGOT herangezogen, und zwar:

Material	Erste Rißbildung nach Minuten
HS	$3^3/_4$
N/1	5
OE	11
LA	20

Die hiervon erstellten Bigotkurven zeigt Abb. 12 in Gegenüberstellung.

Da Trockenrisse vornehmlich im ersten Trocknungsabschnitt entstehen, bedarf der steil abfallende erste Teil der Bigotkurve besonderer Beachtung. Von welchem Stadium ab die Kurve verflacht, hängt im wesentlichen vom Schwindvermögen des jeweiligen Materials ab.
Vergleicht man in Abb. 12 den steilsten Abschnitt des ersten Kurventeils der vier Testmaterialien miteinander, so erkennt man Winkeldifferenzen. Bemerkenswert ist nun, daß beim besonders trockenempfindlichen Material HS der Kurvenabstieg hier am steilsten erfolgt, beim nicht ganz so empfindlichen Material N/1 etwas weniger steil. Mit Abstand noch flacher verläuft der Kurvenabstieg bei den beiden am wenigsten trockenempfindlichen Materialien OE und LA. Wenn auch keine strengen Abhängigkeiten festzustellen sind, so besteht doch der Eindruck, daß mit zunehmender Abflachung, d. h., also mit abnehmender linearer Schwindung je Wasserentzugseinheit, eine Tendenz zu geringerer Trockenempfindlichkeit besteht.
Wie aus den vorangehenden Darlegungen bekannt, ist der Tonmineralbestand von HS und N/1 dominierend montmorillonitisch, von OE und LA fireclay-kaolonitisch. Da die röntgenografisch ermittelten Mengen der dominierenden Tonminerale jedoch eine direkte Beziehung zur größten Steilheit des jeweiligen ersten Teiles der Kurven nicht erkennen lassen, muß mit noch weiteren, zunächst nicht erkannten Einflußgrößen gerechnet werden. Diese eingehender zu ergründen, setzt eine Reihe gesonderter Untersuchungen voraus, die den Rahmen der vorliegenden Arbeit übersteigen. Daher wird man sich zunächst mit der Wahrnehmung begnügen müssen, daß das aus der Bigotkurve zu entnehmende Ausmaß der linearen Trockenschwindung je Wasserentzugseinheit offenbar *unter anderem* von der Tonmineralart beeinflußt wird und zu einer Verminderung tendiert, sofern das dominierende Tonmineral Fireclay-Kaolinit ist.

Insgesamt ergibt sich also aus den Untersuchungen über den Einfluß von Tonmineralen,

1. daß Montmorillonit bereits in relativ kleinen Mengen zur Erzeugung einer hohen Trocknungsbruchanfälligkeit beitragen kann, wobei sich diese Wirkung weniger in einer Vermehrung der Schwindung als in einer Steigerung der Rißempfindlichkeit äußert,
2. daß diese Empfindlichkeitserhöhung offenbar um so stärker wirkt, je geringer der Tonmineralbestand eines Ziegelrohstoffes ist bzw. je weniger andere Tonminerale vorhanden sind, die bekanntermaßen keine Trocknungsschwierigkeiten bereiten,
3. daß Kaolinit vom Fireclaytyp keine nennenswerte Neigung zur Trockenrißbildung besitzt,
4. daß bei Abnahme des linearen Schwindungsmaßes je Wasserentzugseinheit eine gewisse Tendenz zu verminderter Rißempfindlichkeit besteht und
5. daß eine Fireclay-Kaolinit-Komponente zu den Einflußgrößen gehört, die das lineare Schwindmaß je Wasserentzugseinheit herabsetzen.

5. Laborversuche zur Verminderung der rohstoffabhängigen Trocknungsbruchanfälligkeit

5.1 Einfluß der Sandmagerung auf die Trocknungsbruchanfälligkeit

Es ist in der Ziegelindustrie üblich, »fette« bzw. trockenempfindliche Materialien mit unplastischen Stoffen zu magern. Vielfach verwendet man hierfür das Mahlgut von Ziegelbruch (sogenanntes Ziegelmehl), doch reicht der Anfall an solchem in der Regel nicht aus. Daher wird meist Sand als Magerungsgut gewählt, zumal dieser oftmals das billigste Mittel darstellt. Über die Wirkung von Sand auf die Verminderung der bei der Naßpressung entstehenden Texturen, die ebenfalls Einfluß auf die Rißbildung beim Trocknen nehmen, wird später berichtet. Zunächst aber war von Interesse, in welcher Weise Sandzusätze zur Herabsetzung der materialabhängigen Trocknungsbruchanfälligkeit beitragen können, und ferner, ob grober oder feiner Sand wirkungsvoller ist.
Als Testmaterialien wurden nochmals der außerordentlich trocknungsbruchanfällige Lehm HS und der weit weniger trocknungsbruchanfällige, aber »fette« Ziegelton OE herangezogen. Um eindeutige Ergebnisse zu erzielen, wurden je 25% Sand mit 75% Ziegelrohstoff vermischt. Als Sande kamen der Natursand H 30 und das Quarzmehl W 12 der Quarzwerke Köln zur Anwendung, die zur genaueren Charakterisierung zunächst der Korngrößenanalyse unterzogen wurden (siehe Abb. 13). Das Quarzmehl W 12 wurde an Stelle eines feinsten Natursandes deshalb gewählt, weil tonige Bestandteile, die einem derartig feinkörnigen Natursand mitunter anhaften, die Ergebnisse der Prinzipversuche beeinträchtigen könnten.
Der Einfluß der Sandmagerung ergibt sich aus Tab. 11.

Tab. 11 Einfluß des gröbsten und feinsten Sandes

Mischung	Lineare Trockenschwindung %	Erste Rißbildung nach Minuten	T_b-Werte
100% HS	9,1	3¾	2,43
75% HS + 25% H 30	7,1	4½	1,58
75% HS + 25% W 12	7,7	5¾	1,34
100% OE	9,1	11	0,83
75% OE + 25% H 30	7,6	12½	0,61
75% OE + 25% W 12	7,8	11¾	0,66

Wie man sieht, setzt ein Anteil von 25% Sand erwartungsgemäß den T_b-Wert generell herab. Daß die Wirkung auf das weitaus stärker trocknungsbruchanfällige Material HS größer ist, liegt vermutlich in dem hier bereits von Natur aus recht hohem Sandgehalt begründet (Kornfraktion $> 20\ \mu m\ \varnothing$ 54,5% gegenüber 3,4% bei OE).
Der Grobsand H 30 setzt bei beiden Materialien die lineare Trockenschwindung stärker herab als der Feinstsand W 12, allerdings bei HS etwas ausgeprägter. In bezug auf die Minderung der Rißempfindlichkeit ist die Wirkung des Grobsandes jedoch nur beim kaolinitischen Material OE etwas größer; beim montmorillonitischen Material HS wirkt der Feinstsand hierin eindeutig stärker. So ergibt sich für HS auch durch die Vermischung mit 25% Feinstsand eine stärkere Senkung der Trocknungsbruchanfälligkeit

als mit 25% Grobsand, wohingegen bei OE der Grobsand hier von etwas stärkerem Einfluß ist.
Am bedeutungsvollsten sind naturgemäß die auf HS bezogenen Untersuchungsresultate, denn bei Verwendung eines derartig trocknungsbruchanfälligen Materials ist man am meisten auf eine Magerung angewiesen. Daß mit Feinsand gegenüber Grobsand in solchen Fällen generell die größere Wirkung erzielt werden kann, ist möglich, aber insofern nicht sicher, als auch die schon von Natur aus vorhandenen Sandfraktionen in Korngröße und Menge mitbestimmend sein werden. Man wird also von Fall zu Fall eine Erprobung vornehmen müssen.
Immerhin haben diese Magerungsversuche aber gezeigt, daß bei derartigen Maßnahmen zur Verminderung der Trocknungsbruchanfälligkeit die Korngrößen des zugesetzten Sandes eine nicht zu unterschätzende Einflußgröße darstellen.

5.2 Zusatz vorwiegend chemisch wirksamer Mittel

Aus vorstehenden Darlegungen ergibt sich, daß die hohe Trocknungsbruchanfälligkeit eines montmorillonitischen Ziegelrohstoffes durch unplastisches körniges Gut in gewissem Umfange zu senken ist. Die Anwendung von Zusatzprozenten in der genannten Höhe kann jedoch in der Praxis die Frage der Wirtschaftlichkeit insbesondere dann aufwerfen, wenn die Beschaffung eines geeigneten Sandes mit hohen Kosten verbunden ist. Eine weitere Frage ist die, ob nicht andere, unter Umständen örtlich billigere Mittel die Trocknungsbruchanfälligkeit ebenso oder noch stärker zu senken vermögen. Mit nachstehend aufgeführten Versuchen wurde eine diesbezügliche Klärung angestrebt.
Es ist bekannt, daß sich Flugasche, die in mit Steinkohle beheizten Kraftwerken in großer Menge anfällt, als Magerungsstoff eignet und in bezug auf die Herabsetzung der Trockenschwindung etwa wie Sand wirkt. Im Rahmen einer kleineren Versuchsreihe mit verschiedenartigen Rohstoffen zeigte sich nun bei dem sehr trockenrißempfindlichen mergeligen Lehm MS eine ungewöhnlich hohe Verminderung der Trocknungsbruchanfälligkeit schon bei sehr geringen Flugaschezusätzen. Dieses relativ feinkörnige Material, lineare Trockenschwindung 7%, besitzt mit ca. 20% einen nicht sonderlich hohen Anteil an Tonmineralen, die etwa je zur Hälfte glimmerartig und montmorillonitisch sind.
Wie aus Abb. 14 zu ersehen ist, sinkt der T_b-Wert von 1,5 bereits bei 3% Flugasche auf 0,7 und bei 10% auf 0,56, während die Wirkung bei weiterer Erhöhung des Zusatzes nur noch minimal zunimmt.
Es darf angenommen werden, daß hier eine chemische Wirkung vorliegt, denn die Flugasche besitzt 0,4% SO_3 in wasserlöslicher Bindung. Naturgemäß können sich wasserlösliche Verbindungen sehr viel leichter über die Masse verteilen als feinste Festkörper.
Schon bei früheren Versuchen hatte sich gezeigt, daß erhöhte Trockenrißempfindlichkeit unter Umständen mit chemischen Mitteln vermindert werden kann. Bei Ziegeltonen mit unbekanntem Tonmineralbestand bewirkte Carnalit, ein Abraumsalz aus dem Kalibergbau, eine merkliche Herabsetzung der Rißanfälligkeit, wobei sich ein Zugabesatz von ca. 2% zumeist als am günstigsten erwies.
Im Rahmen anderweitiger Institutsversuche war im Falle des Zusatzes eines organischen Polyelektrolyten mit der Handelsbezeichnung TONGEL zu Ziegelrohstoffen eine Veränderung im Trocknungsverhalten beobachtet worden. Das gab die Veranlassung, auch mit diesem chemischen Mittel Versuche zur Minderung der Trocknungsbruchanfälligkeit anzustellen.

Es wurden drei verschiedene Materialien mit 0,04 und 0,08% TONGEL versetzt, und zwar der schon erwähnte montmorillonitische Lehm HS, ferner ein Mergelton C und ein dominierend illitischer Lehm G mit den linearen Trockenschwindungen 9,1%, 5,7% und 7,4%. Das Ergebnis des Testes auf Trocknungsbruchanfälligkeit gibt Abb. 15 wieder.

Wie man sieht, wirkt TONGEL bereits in sehr geringer Menge. Allerdings spricht dieses chemische Mittel den höchst trocknungsbruchanfälligen Lehm stärker an als die weniger trocknungsbruchanfälligen Materialien. Bemerkenswert ist, daß die Wirkung mit zunehmendem Prozentsatz bald verflacht.

5.3 Zusatz organischer Fasern

Im weiteren wurde versucht, erhöhter Trocknungsbruchanfälligkeit mit Zumischung kurzer organischer Fasern zu begegnen. Hier lag die Vorstellung zugrunde, daß derartige Fasern einerseits die Kapillarwasserbewegung fördern, andererseits eine gewisse Verankerung der Masseteilchen bewirken.

In Papierfabriken fällt als kurzfaseriges Abfallprodukt eine sogenannte Restwasserschlämme an, mitunter als Dekanterstoff bezeichnet. Abb. 16 zeigt die Wirkung bei Zugabe zu den Lehmen HS und MS.

Wie man sieht, vermögen Papierfasern der Restwasserschlämme die Trocknungsbruchanfälligkeit unter Umständen beträchtlich zu senken. Ein Parallelversuch mit aufgeweichtem Zeitungspapier als Zusatz zum Material MS erbrachte einen noch größeren Effekt (siehe Tab. 12).

Weitere Versuche erstreckten sich auf die Zugabe von gemahlenem Torf und Sägemehl. Eine Mahlung des Torfes war deshalb erforderlich, weil lange Fasern in betriebspraktischer Anwendung die Sieblochung der Aufbereitungsmaschinen sowie die Kerneinsätze der Mundstücke zusetzen können. Versuche mit Sägemehl sind auch früher schon durchgeführt worden, doch erwies sich der Erfolg in bezug auf das Trocknen von Material zu Material als sehr unterschiedlich. Wie aus Tab. 12 zu ersehen, konnte bei Zugabe zum Lehm MS eine beträchtliche Verminderung der Trocknungsbruchanfälligkeit festgestellt werden, doch erwies sich diese auch im Falle einer Verwendung von Feintorf als nicht unbedeutend.

Tab. 12

Mischung	Trocknungsbruchanfälligkeit T_b
Lehm MS ohne Zusatz	1,50
Lehm MS mit 5% Feintorf	0,84
Lehm MS mit 5% Sägemehl	0,33
Lehm MS mit 5% Zeitungspapier	0,18

Bei den Versuchen war nun festgestellt worden, daß sich die auf einheitlich gehaltene Massekonsistenz bezogenen Anmachewasserbedarfswerte im Falle der Zugabe von organischen Fasern erhöhten. Dies warf die Frage auf, ob damit nicht eine Verlängerung der Trockenzeit verbunden ist, die dem Vorteil der verminderten Trocknungsbruchanfälligkeit gegenübersteht. Daher wurden aus der interessantesten Versuchsmasse HS kleine Probeziegel ohne und mit je 3% Zeitungspapier bzw. Sägemehl hergestellt, gemeinsam im klimatisierten Raum unter konstanten Bedingungen (26°C, 60% relative Feuchte) getrocknet und dabei einer ständigen Kontrolle der Gewichtsabnahme unter-

zogen. Zum Vergleich erfolgte ferner die Einbeziehung einer mit 25% grobem Sand versetzten Masse. Das Ergebnis zeigen die Wasserentzugskurven in Abb. 17.
Wie man aus dem Diagramm ersieht, trocknen die mit Papier und Sägemehl versetzten Versuchsziegel vergleichsweise schneller, so daß trotz des höheren Wassergehaltes insgesamt keine längere Trockenzeit entstand als beim nicht bezuschlagten Ziegelrohstoff. Bei der Masse, in der 25% des Lehmes durch Sand ersetzt wurden und demzufolge ein geringerer Anmachewasserbedarf vorlag, ergab sich ebenfalls eine erhöhte Wasserentzugsgeschwindigkeit. Der hier am Schluß gegenüber den anderen Massen geringere Restwassergehalt beruht auf dem bei einer derartig stark abweichenden Mischung anders gelegenen Ausgleichszustand mit den gewählten Zustandsgrößen der Luft.
Wegen der sehr unterschiedlichen Rißanfälligkeit der Proben wurde auf eine Veränderung der Temperatur und Feuchte der Luft bei diesem vergleichenden Prinzipversuch verzichtet. Bei der üblichen Betriebstrocknung stellt sich bekanntlich während des Trocknungsprozesses eine Zunahme der Temperatur und eine Abnahme der relativen Feuchte ein. Daß unter solchermaßen veränderten Wasserentzugsbedingungen durch Zusatz von Faserstoffen auch eine Verkürzung der Trockenzeit möglich ist, geht aus dem in Kapitel 6.1 beschriebenen Betriebsversuch hervor.
Im ganzen ergibt sich also aus den in den Kapiteln 5.2 und 5.3 mitgeteilten Versuchen, daß es mit Hilfe chemischer Mittel und organischer Faserstoffe möglich ist, die Trocknungsbruchanfälligkeit von Ziegelrohstoffen unter Umständen beträchtlich stärker als mittels Sand herabzusetzen.

6. Laborversuche zur Verminderung produktionstechnisch bedingter Trockenrißempfindlichkeit

6.1 Versuche zur Minderung nachteiliger Formgebungseinflüsse mittels Sand bzw. Papierfasern

Verschiedene Werke begegnen der Preßstrukturenbildung durch starken Versatz des Ziegelrohstoffes mit Magerungsmitteln. Und wie aus einer früheren Arbeit des Instituts hervorgeht, ist die Wirkung bei kubischer bzw. zackiger Kornform, wie diese z. B. das Mahlgut von gebranntem Ziegelbruch aufzuweisen hat (Abb. 18), größer als bei der rundlicheren von Natursand (Abb. 19) [15].
Wie schon bei der Behandlung der Magerungsfrage im Zusammenhang mit der Verminderung der Trockenschwindung bzw. Rißanfälligkeit gesagt, steht Ziegelmehl jedoch in der Regel nicht in der erforderlichen Menge zur Verfügung, und man ist auf Sand angewiesen. Aber auch in bezug auf die Strukturverminderung interessiert die Frage: feines oder grobes Korn?
Aus diesem Grunde wurde im Institut ein Modellversuch unter Verwendung der bereits in Abb. 13 dargestellten beiden Sande durchgeführt. Die Versuchspressungen erfolgten unter Heranziehung eines Dachziegeltones EB mit 8% linearer Trockenschwindung und einer Kornverteilung 46,1% $< 2\ \mu m\ \varnothing$, 25,2% 2–20 $\mu m\ \varnothing$, 28,7% $> 20\ \mu m\ \varnothing$, und zwar ohne Vakuum mittels einer Strangpresse mit 80 mm Zylinder-$\varnothing$. Auch für diese Versuche wurde ein Ton : Sand-Verhältnis von 75:25 gewählt. Die Versuchsergebnisse zeigt Abb. 20.

Wie man sieht, vermindert das grobkörnige Gut die Preßstruktur wesentlich stärker als das feinstkörnige. In der Praxis angestellte Versuche mit anderen Ziegelrohstoffen und Sanden zeigten im Prinzip gleiche Ergebnisse. Man wird daher der gefundenen Erkenntnis generelle Bedeutung beimessen können.
Wird in einem Ziegelwerk ein Rohstoff hoher naturgegebener Rißempfindlichkeit verwendet, bei dem sich diese Empfindlichkeit wie im Falle des Lehmes HS gemäß Kapitel 4.7.6 mit Feinstsand stärker als mit Grobsand vermindern läßt, und bilden sich bei der Verarbeitung dieses Rohstoffes außerdem starke Preßstrukturen, so dürfte es sich empfehlen, ausschließlich Grobsand zu wählen. Dieser vermindert die Preßstrukturen ungleich mehr als Feinstsand gegenüber Grobsand die naturgegebene Trockenempfindlichkeit zu senken vermag.
Aus einem Modellversuch ergab sich weiter, daß auch Papierfasern die Bildung von Preßstrukturen zu vermindern vermögen. Abb. 24 zeigt die Strukturen an Formlingen aus Ton EB ohne und mit 5% Restwasserschlämme aus einer Papierfabrik.
In einem Ziegelwerk, das Hochlochziegel herstellt, wurde ein entsprechender Versuch im großen durchgeführt. Es zeigte sich zunächst eine glattere Auspressung des Pressestranges, weiter eine Verminderung des Strukturenbefalls. Die sonst hier relativ starke Trockenrissigkeit verschwand vollends, und die Trockenzeit verkürzt sich um rd. 14%. Schließlich bewiesen die Ziegel nach Brand eine gewisse Erhöhung der Druckfestigkeit. Dies ist um so bemerkenswerter, als durch das Ausbrennen der organischen Fasern naturgemäß eine Erhöhung des Porenraumes eintritt, wodurch im allgemeinen eine Verminderung der Druckfestigkeit eintritt. Die Festigkeitserhöhung dürfte auf die Beseitigung der Trockenrissigkeit zurückzuführen sein.

6.2 Versuche zur Verhinderung von Oberflächenrißbildungen

Mitunter zeigten Mauerziegelformlinge nach der Trocknung an Kopf- und Läuferflächen feine Oberflächenrisse, wohingegen an den relativ rauhen Schnittflächen keinerlei Rißbildung festzustellen ist. Bemerkenswert ist, daß die Erscheinungen namentlich bei Materialien mit erhöhtem Anteil an relativ grobkörnigem Gut auftreten.
Bereits bei früheren Institutsuntersuchungen war festgestellt worden, daß im Zuge der Auspressung an den gleitenden Randflächen die gröberen Bestandteile des Materials nach innen gedrückt werden, so daß sich außen eine Konzentration von Feinbestandteilen ergibt. Es entsteht also eine dünne Schicht, deren Material im Verhältnis zur übrigen Masse feiner ist und hierdurch eine größere Dichte aufweist. Bekanntlich schwinden feine Massen beim Trocknen stärker als gröbere, und es ist naheliegend, daß sich speziell in dieser »Preßhaut« erhöhte Trocknungsspannungen bilden, die, sofern die Masse nur eine geringe Zugdehnung gestattet, schließlich zu jenen Oberflächenrissen führen können. Versuchsweise wurden von Ziegelformlingen, die zu derartigen Rißbildungen neigen, mittels Abschneidedraht die Oberflächen abgetrennt, mit dem Erfolg, daß beim Trocknen keine Risse mehr entstanden.
Dies gab die Veranlassung zu Versuchen im Institut, bei denen an den Formlingen von zwei verschiedenen Rohstoffen die glatten Oberflächen mit einem Drahtkamm aufgerauht wurden. Hieraus ergab sich in beiden Fällen eine wesentliche Senkung der Oberflächenrißempfindlichkeit. Besandete man zusätzlich die aufgerauhten Oberflächen, so blieb die Rißbildung völlig aus, wohingegen ein Besanden ohne vorherige Aufrauhung die Rissigkeit nur wenig verminderte.
Diese Ergebnisse sind insofern besonders interessant, als Oberflächenrisse die Verwendung von Ziegeln bzw. Klinkern für Verblendzwecke ausschließen und eine Aufrauhung und Besandung die Sichtflächen reizvoller machen können.

7. Versuche zur Vorausbestimmung der Bedingungen für eine schadensfreie und rationelle Betriebstrocknung

Aus vorstehenden Darlegungen geht insgesamt hervor, welche rohstoffmäßigen und produktionstechnischen Einflüsse das Trocknungsverhalten von Ziegelformlingen im wesentlichen bestimmen, und es konnten einige Wege zum Abbau der eine schadensfreie Trocknung beeinträchtigenden Faktoren gewiesen werden. Offen blieb die Frage, wie man eine richtungsweisende Leitlinie finden kann, nach der die betriebliche Trocknung unter Berücksichtigung des von Fall zu Fall unterschiedlichen Trocknungsverhaltens des Gutes mit dem Ziele eines qualitativ wie quantitativ optimalen Ergebnisses zu steuern ist.
Mit den diese Forschungsarbeit abschließenden Untersuchungen wurde versucht, auch hierauf eine Antwort zu geben.

7.1 Betriebliche Nutzanwendung der Bigotkurve

Zunächst bot sich der Weg an, im Betrieb unter Zugrundelegung der Bigotkurve das materialabhängig günstigste Trocknungsverfahren zumindest überschlägig zu ergründen. Wie gesagt, zeigt der Schnittpunkt des relativ steil abfallenden ersten Teils dieser Kurve mit dem anschließend flach verlaufenden Teil den sogenannten kritischen Punkt an, bis zu dem in der Praxis langsamer und von dem an unter verschärften Wasserentzugsbedingungen zu trocknen ist.
Liegt von einem Material die Bigotkurve vor, so ist es erforderlich, unter den gegebenen (und in fast jedem Ziegelwerk anders gelegenen) Voraussetzungen an einem oder besser an mehreren Formlingen im Trocknungsraum den linearen Schwindungsverlauf zu messen. Registrierende Geräte erfassen zwangsläufig auch die Zeitabhängigkeit der eintretenden Veränderungen. Aus dem Vergleich der registrierten betrieblichen Schwindungskurve mit der Bigotkurve ist es dann einfach, den Zeitpunkt zu bestimmen, von dem an die Trockenbelastung ohne Rißgefahr erhöht werden kann.
Aus einer Reihe von Betriebsuntersuchungen zur Behebung von Trockenschwierigkeiten wird nachfolgend ein Beispiel zur praktischen Nutzanwendung der Bigotkurve gegeben.
Das bisherige Trocknungsprogramm erforderte hier 87 Stunden. Dennoch wies das Trockengut (2¼ NF Hochlochziegel) starke Risse auf. Das Betriebsdiagramm zeigte bereits 2% Trockenschwindung nach 11 Stunden, und schon nach 12 Stunden konnten Risse an den Rohlingen festgestellt werden. Die Bigotkurve ergab, daß der kritische Punkt des betreffenden Rohstoffs bei Erreichen von 5% linearer Schwindung liegt. Darauf wurde das Trockenprogramm umgestellt. Es ergab sich, daß bei gleichmäßigem Schwindverlauf der kritische Punkt erst nach 48 Stunden zu erreichen war. Anschließend wurde nun um so schärfer getrocknet. Die gesamte Trockenzeit betrug nunmehr 79 Stunden. Obwohl das hier angewandte Verfahren lediglich der Rohstoffart angepaßt wurde, war der getrocknete Einsatz der Kammer fast rissefrei.
Es erweist sich also, daß unter Umständen schon allein mit Hilfe der einfachen Bigotkurve maßgebliche Verbesserungen des Trocknungsverlaufs zu erreichen sind.

7.2 Ermittlung eines Betriebs-Trocknungsprogramms

Wenngleich die Bigotkurve für die betriebliche Trocknung bereits wertvolle Unterlagen liefert, so bezieht sie sich lediglich auf den Rohstoff und läßt Form- und Formgebungsfaktoren, die in manchen Ziegelwerken von ausschlaggebender Bedeutung sind, unberücksichtigt. Mithin ist es mehr oder weniger Zufallssache bzw. setzt schon erhebliche Erfahrung voraus, wenn man auf diesem Wege so schnell zu einem günstigen Trocknungsprogramm kommt, wie in Abschnitt 7.1 geschildert. Außerdem sagt die Bigotkurve für die Planung neuer Trockenanlagen oder Neugestaltung alter noch zu wenig aus. Es wurden daher Verfahren erprobt, welche breitere Grundlagen bieten.

7.2.1 Optimale Trocknungskurve des Einzelziegels

Eine wertvolle Hilfe stellt die Kenntnis der jeweils maximal zulässigen Wasserentzugsgeschwindigkeit während des gesamten Trocknungsablaufes dar. Diese läßt sich an Probekörpern des betreffenden Ziegelrohstoffes ermitteln. Falke fand hierfür ein brauchbares Berechnungsverfahren [7], doch setzt das Finden diverser Formelwerte eine Summe teils recht komplizierter Spezialprüfungen voraus. Unter Verwendung eines Klimaschrankes lassen sich diese Bedingungen aber auch leicht empirisch finden, sofern Anmachwassergehalt, Trockenschwindmaß, Bigotkurve und Trocknungsbruchanfälligkeit des Materials bekannt sind. Soweit irgend zu ermöglichen, sollte man jedoch direkt an Originalwerksformlingen prüfen, um Aufbereitungs-, Form- und Formgebungsfaktoren in ihrer Auswirkung sogleich mit zu erfassen. Der Klimaschrank muß für solche Untersuchungen mit einer Wägeeinrichtung für den Prüfkörper sowie mit regelbaren Luftzu- und -abführungen ausgestattet sein. Wird hierbei eine unerwünscht hohe Trockenempfindlichkeit festgestellt, so sollten vor endgültiger Festlegung des Trockenprogramms die in Betracht kommenden Versuche zur Verminderung der Trockenempfindlichkeit durchgeführt werden.

Die Prüflinge werden im Klimaschrank einem auf Grund der Ergebnisse der Voruntersuchung nach Erfahrung aufgestellten Trockenprogramm unterworfen. Der Untersuchende verfolgt mit Hilfe von Spiegeln den Trockenvorgang und korrigiert im Falle der Überschreitung der zulässigen Trockengeschwindigkeit die Trocknungsbelastung. Es läßt sich bei diesem empirischen Verfahren nicht vermeiden, daß der Versuch zur Auffindung der optimal zulässigen Grenzen mehrfach wiederholt werden muß.

Das primäre Ergebnis ist die »Optimale Trocknungskurve« für das betreffende Erzeugnis im einzelnen, deren Grenzen beim betrieblichen Trocknen keinesfalls unterschritten werden dürfen.

Die Abb. 22 und 23 zeigen im Institut erstellte optimale Trockenkurven von einem großformatigen Hochlochziegel (2¼ NF) aus hoch trocknungsbruchanfälligem Material (kritischer Punkt bei 8% linearer Trockenschwindung / 16% Wasserentzug) sowie von einem Preßfalzziegel aus weniger trocknungsbruchanfälliger Masse (kritischer Punkt bei 6,8% linearer Trockenschwindung / 11% Wasserentzug).

7.2.2 Vorausbestimmung eines betrieblichen Trocknungsprogramms auf der Basis der optimalen Trocknungskurve des Einzelziegels

Die durch labormäßige Untersuchungen ermittelten Temperatur- und Feuchtekurven können jedoch noch nicht ohne weiteres in die großtechnische Fabrikation übernommen werden. Obwohl die Gleichmäßigkeit der Trocknung in neueren Trockenanlagen schon wesentlich gesteigert werden konnte, werden auch in ihnen noch keineswegs alle Formlinge in der gleichen Zeitfolge getrocknet. Bei der großen Anzahl der Trocknersysteme war es noch nicht möglich, für jedes System Übertragungsfaktoren zu ermitteln. Auf Grund zahlreicher Untersuchungen an ausgeführten Anlagen und durch einen Erfahrungsaustausch mit ausländischen Instituten der Ziegelindustrie dürfte jedoch für die

Übertragung der Zustandskurven auf die großtechnischen Verhältnisse unter der Voraussetzung ordnungsmäßiger Betriebsweise für die Mehrzahl der Fälle ein mittlerer Wert von ca. 1:2 bis 1:3 in Betracht kommen.
Ein Beispielsfall, für den dieser Übertragungsfaktor auf die Praxis zutraf, kann in Abb. 21 wiedergegeben werden. Hier führte in einer Trockenanlage für Dachziegel die seitherige empirisch gefundene Regelung der Zustandsgrößen wegen zu hohen Bruchanfalls zu unbefriedigenden Resultaten. Nach Untersuchung wie oben beschrieben und Übertragung der im Klimaschrank gefundenen Zustandskurven im Verhältnis 1:2 wurde das aus dem Diagramm in Abb. 21 zu ersehene Trocknungsprogramm angesetzt, das sich als erfolgreich erwies. Bei dem zu trocknenden Gut handelt es sich um Dachziegel, deren optimale Trocknungskurve für das Einzelstück in Abb. 23 dargestellt wurde.
Handelt es sich hierbei auch nur um einen herausgegriffenen Fall, so ist daraus bereits zu erkennen, daß die Vorausbestimmung eines betrieblichen Trocknungsprogrammes, das den spezifischen Eigenarten von Rohstoff und Formkörper gerecht wird und im übrigen ein Maximum an Wirtschaftlichkeit verspricht, auf der Grundlage entsprechender Laboruntersuchungen grundsätzlich möglich ist.

7.2.3 Kritische Wertung der Versuche zur Vorausbestimmung und Realisierung betrieblicher Trocknungsprogramme

Wenn der Zweck dieser Arbeit u. a. im Ausfindigmachen von Anhaltspunkten für die Entwicklung eines Verfahrens zur Bestimmung eines materialgerechten Trocknens in den Werken der Ziegelindustrie bestand, so dürften die vorstehenden Darlegungen dieser Zielsetzung entsprechen. Anhaltspunkte bieten naturgemäß jedoch noch nicht die erforderlich breite Grundlage für ein *generell* in die Praxis einführbares Verfahren. Der Ausbau des prinzipiell gefundenen Weges erfordert weitere umfassende Untersuchungen und Versuche, für die der Rahmen der vorliegenden Arbeit nicht ausreicht. Daher hat das Institut bereits ein neues Vorhaben in Angriff genommen, das dieser Aufgabe dienen soll.
Selbstverständlich sind die den bereits durchgeführten Versuchen noch anhaftenden Mängel namentlich in bezug auf die Übertragbarkeit der Laborergebnisse auf die Praxis im Rahmen der fortführenden Forschungsarbeit auszuräumen. Darüber hinaus ist anzustreben, daß auch in den Betrieben zur Realisierung eines als materialgerecht und rationell erkannten Trocknungsprogrammes bessere Voraussetzungen geschaffen werden, als bei den seitherigen Versuchen verschiedentlich angetroffen. Bei den festgestellten Unzulänglichkeiten handelt es sich im wesentlichen um die folgenden:

a) laborseitig

1. In den betrieblichen Trockenanlagen konnte eine gegenseitige Beeinflussung des Trocknungsverlaufes der relativ dicht neben- und übereinander angeordneten Formlinge beobachtet werden. Außerdem wurde eine Beeinflussung durch die die Formlinge tragenden Latten oder Rahmen festgestellt. Hieraus ergibt sich die Notwendigkeit, die optimale Trockenkurve im Klimaschrank nicht am Einzelstück zu ermitteln, sondern an einer Gruppe von Formlingen in der in der betreffenden Trockenanlage gegebenen Anordnung. Dies erfordert die Entwicklung eines Versuchstrockners, der die Dimensionen eines normal gebräuchlichen Labor-Klimaschrankes bei weitem überschreitet.
2. Da auch die Strömungsrichtung und -geschwindigkeit den Trocknungsverlauf mitbestimmt, muß der Versuchstrockner auf die jeweiligen Verhältnisse der Betriebsanlage einzustellen sein.

3. Manche Preßerzeugnisse zeigten in frisch geformtem Zustand eine größere Rißanfälligkeit als nach einiger Zeit der Lagerung unter Verhältnissen, die eine Wasserverdunstung praktisch ausschließen. Hier bewirkt die Lagerung offenbar einen Ausgleich gewisser Ungleichheiten aus Aufbereitung oder Formgebung, die unter den Einflüssen im Trocknungsraum leicht zur Schadensbildung führen. Eine Zwischenlagerung ist im Betrieb aber nur in wenigen Fällen einzurichten. Soll die besondere Anfangsrisseempfindlichkeit bei der Aufstellung der optimalen Trockenkurve mit erfaßt werden, so muß der Versuchstrockner im Werk aufgestellt und mit preßfrischen Formlingen beschickt werden.
4. Die optimale Trockenkurve wird ausschließlich nach dem Kriterium der Rißbildung ermittelt, die auch zweifellos das Hauptproblem darstellt. Es ist jedoch bekannt, daß die Trocknungsgeschwindigkeit die Festigkeit und Frostwiderstandsfähigkeit der gebrannten Erzeugnisse unter Umständen erheblich beeinflussen kann. Je nach der Bedeutung, die diese Eigenschaften für das betreffende Produkt haben, z. B. ob ein bestimmter Ziegel an der Grenze der erwünschten Druckfestigkeitsklasse oder des erforderlichen Frostbeständigkeitsgrades liegt, wird man die von der Rißbildung her gebildete Trockenkurve hinsichtlich des Einflusses auf die Festigkeit bzw. Frostbeständigkeit prüfen und, sofern hierbei die zulässigen Grenzen überschritten werden, korrigieren müssen. Erst hiernach kann dann die optimale Trockenkurve als Grundlage für weitere Arbeiten dienen. Ein diesen Forderungen entsprechendes Trocknungsprüfgerät wurde inzwischen entwickelt und wird zur Zeit erprobt.

b) betriebsseitig

1. Es ist klar, daß an eine Verwirklichung eines materialgerechten Trockenprogramms nur gedacht werden kann, wenn das Trocknungsgut einheitlich und wenn die Trockenluft nach Menge und Temperatur einigermaßen konstant ist. Die aus dem Ofen abgezogene Warmluftmenge schwankt jedoch oftmals erheblich. Hier ist also ein stärkerer Einsatz von Reglern nicht zu umgehen. Der Tunnelofenbetrieb gestattet, schon dem Prinzip nach, eine gleichmäßigere Warmluftabgabe und zusätzlich eine bessere Konstanthaltung durch Regler als der Ring- bzw. Zickzackofenbetrieb.
2. Eine geregelte Betriebsweise ist ferner selbstverständlich nur bei Ausstattung der Anlagen mit entsprechenden Überwachungsinstrumenten möglich.

8. Zusammenfassung und Schluß

Der Übergang vom Saison- zum Ganzjahresbetrieb steigert die Rentabilität der Ziegelwerke und gewährleistet die Bereitstellung ausreichender Baustoffmengen auch für den Winterbau. Die hierzu erforderliche künstliche Trocknung gestattet eine wesentliche Abkürzung des Trockenprozesses. Eine rationelle Ausnutzung künstlicher Trockenanlagen ist jedoch nur bei einer weitgehenden Anpassung an die trockentechnischen Eigenschaften des jeweiligen Materials möglich. Die vorliegende Arbeit sollte zur Lösung des auf dem Gebiet der künstlichen Trocknung aufgeworfenen Fragenkomplexes beitragen.
Die Einführung befaßt sich mit dem bisher Bekannten in bezug auf das Trocknungsverhalten von Ziegelformlingen. Die weiteren Ausführungen lassen erkennen, daß der

großen Verschiedenartigkeit der Ziegelrohstoffe ebenso große Unterschiede in der Trocknungsbruchanfälligkeit gegenüberstehen. Es ist daher wichtig, die die Trocknungsvorgänge hauptsächlich beeinflussenden materialabhängigen Größen möglichst genau erfassen zu können.
Es wird zunächst ein im Institut entwickeltes Laborverfahren beschrieben, das die Bestimmung der von der Rohstoffart abhängigen Trocknungsbruchanfälligkeit gestattet. Hierbei erfolgt einerseits die Ermittlung der Rißempfindlichkeit einer Probe bei einer bestimmten erhöhten Trocknungsbelastung, andererseits die Feststellung der linearen Trockenschwindung. Der Quotient aus dem Ausmaß der linearen Trockenschwindung (%) und der Zeit bis zur ersten Rißbildung (min) ergibt den Vergleichswert T_b, dessen Anstieg die Zunahme der Trocknungsbruchanfälligkeit bezeichnet.
Die durch Reihenuntersuchungen an bis zu 150 Ziegelrohstoffen gefundenen Werte der Anmachewasserbedarfshöhe, des Trockenschwindmaßes und des Grades der Trocknungsbruchanfälligkeit sind in verschiedenen Diagrammen gegenübergestellt. Bei dem Versuch, hieraus gegenseitige Beziehungen zu ermitteln, die zur Charakterisierung des Trocknungsverhaltens geeignet sind, zeigt sich, daß Abhängigkeiten in geringerem Maße bestehen, als bisher angenommen wurde. So gestattet z. B. der Anmachewasserbedarf, der zwischen 13–45% liegen kann, keine Rückschlüsse auf die Trocknungsbruchanfälligkeit. Auch kann die landläufige Meinung widerlegt werden, nach der allein das Ausmaß der linearen Trockenschwindung einen Aussagewert für den Grad der Trockenempfindlichkeit eines Ziegelrohstoffes besitzt.
Bezüglich der Korngrößenverteilung nicht festgesteinsartiger Rohmaterialien wird nachgewiesen, daß die Annahme, nach der größere Anteile der Fraktionen $< 2\ \mu m$ ∅ eine erhöhte und größere Anteile der Bereiche 2–20 μm ∅ bzw. 11–60 μm ∅ eine geringe Trocknungsbruchanfälligkeit bedingen, nur für einen begrenzten Anteil der Ziegelrohstoffe zutrifft. Bei Tonschiefer, der erst nach entsprechender Zerkleinerung zu verarbeiten ist, zeigt sich ein für die praktische Trocknung bedeutsamer T_b-Wert nur im Falle sehr hoher Mahlfeinheit.
Das Auftreten des zunächst recht unmotiviert erscheinenden, stark variierenden Grades der Trocknungsbruchanfälligkeit der Ziegelrohstoffe wird erklärt durch Unterschiede im Tonmineralbestand. Hierzu werden Beispiele aus der Praxis angeführt, in denen die Trocknung besonders problematisch erschien. Es zeigte sich u. a., daß Montmorillonit bereits in relativ kleinen Anteilen zur Erzeugung einer hohen Trocknungsbruchanfälligkeit beitragen kann, sofern der Tonmineralgehalt insgesamt niedrig ist. Weiter ist mit Hilfe der Bigotkurven zu erkennen, daß bei Abnahme der »linearen Trockenschwindung je Wasserentzugseinheit« eine gewisse Tendenz zu verminderter Rißempfindlichkeit besteht und daß Kaolinit vom Typ Fireclay zu den Materialeinflußgrößen gehört, die die lineare Schwindung je Wasserentzugseinheit herabsetzen.
Es wird sodann über Laborversuche zur Verminderung hauptsächlich tonmineralabhängiger Trocknungsbruchanfälligkeit berichtet. Hiernach vermögen größere Sandzusätze den hohen T_b-Wert eines Ziegelrohstoffes mit dominierend montmorillonitischen Tonmineralen zu senken. Teils wesentlich größere Wirkung beweisen jedoch relativ geringe Zusatzmengen von Steinkohlenflugasche, »TONGEL«, Sägemehl, Feintorf und vor allem von Papierfasern.
Als rißbildungsfördernd konnten schon früher mangelnde Großmischung und unzulängliche Homogenisierung von gemeinsam verarbeiteten Rohstoffen unterschiedlichen Trocknungsverhaltens festgestellt werden. Als Quelle noch stärkeren Trockenrißbefalls erwiesen sich Preßstrukturen. Auf Grund verschiedener Versuche konnten Hinweise zur Verminderung schädlicher Formgebungseinflüsse durch Versatz des Rohmaterials mit grobem Magerungsgut bzw. Papierfasern gegeben werden.

Als geeignete Mittel gegen besondere Trockenrissigkeit der Strangoberfläche erwiesen sich Aufrauhung und Besandung.
Schließlich wird dargelegt, auf welche Weise für Naßpreßerzeugnisse die »optimale Trockenkurve« am Einzelstück zu ermitteln ist und wie im voraus ein betriebliches Trocknungsprogramm bestimmt werden kann. Es werden Hinweise für eine Verbesserung des Verfahrens, das praktischer Erprobung nach den Anforderungen prinzipiell gerecht wird, gegeben, wobei auch die hierfür nötigen betrieblichen Voraussetzungen genannt werden.

Schlußbemerkung

Aus dieser Forschungsarbeit ist die Folgerung zu ziehen, daß bei der Verschiedenartigkeit der trocknungstechnischen Eigenschaften der Ziegelrohstoffe eine Bestimmung materialgerechter Trocknungsprogramme und damit auch eine entsprechende Dimensionierung von Trockenanlagen nur unter Zuhilfenahme von auf den jeweiligen Einzelfall bezogenen Laboruntersuchungen möglich sind, die sich auf die gleichzeitige Erfassung sowohl aus der Stoffzusammensetzung als auch aus der Verarbeitungstechnologie resultierender Einflußgrößen erstrecken. Diese Laboruntersuchungen gestatten auch eine Kontrolle von Maßnahmen, die sich für eine Verbesserung der Trocknungseigenschaften als geeignet erwiesen haben und die der Ermittlung der jeweiligen optimalen Trocknungskurve vorangehen sollten. Sowohl in bezug auf die Untersuchungsverfahren als auch auf die betriebstechnischen Voraussetzungen für ein materialgerechtes Trocknen besteht allerdings die Notwendigkeit zu Verbesserungen.
Wenn damit auch noch wesentliche Aufgaben zu lösen bleiben, so ist jetzt doch schon der Zustand geschaffen, daß man schneller, exakter und mit geringerem Aufwand zu einer dem Optimum sicherlich näheren Lösung kommt als durch das seitherige empirische Erproben im Betrieb.
Die Finanzierung der seitherigen Arbeiten erfolgte durch das Land Nordrhein-Westfalen sowie den Bundesverband der Deutschen Ziegelindustrie. Beiden Stellen, wie auch dem Institutsleiter, Herrn Dipl.-Ing. R. Pels Leusden, der die Arbeit durch Anregungen und organisatorische Hilfe maßgeblich unterstützte, sei an dieser Stelle gedankt.

9. Literaturverzeichnis

[1] Krisher, O., Die wissenschaftlichen Grundlagen der Trocknungstechnik. Die Ziegelindustrie 5 (1953), Heft 15, S. 560–565.
[2] Winkler, H., Über Art und Wesen der Tone unter besonderer Berücksichtigung italienischer Hohlziegeltone. Die Ziegelindustrie 6 (1953), Heft 8, S. 281–290.
[3] Niesper, A., Die *Z-Q*-Werte, ein Beitrag zur Charakteristik der Ziegeltone. Die Ziegelindustrie 10 (1957), Heft 19, S. 649–655.
[4] Correns, C.W., Struktur und Eigenschaften der Tonminerale. Berichte der Forschungsstelle des Bundesverbandes der Deutschen Ziegelindustrie e.V., Heft 1/2, S. 1–15.
[5] Müller, H., Beitrag zur Bestimmung der Trockenempfindlichkeit grobkeramischer Rohstoffe. Silikattechnik 12 (1961), Heft 2, S. 71–77.

[6] Biehl, N., Die Mineralanalyse, ein wichtiges Hilfsmittel zur Kennzeichnung der materialbedingten Trocknungseigenschaften grobkeramischer Rohstoffe. Silikattechnik 14 (1963), Heft 8, S. 253.
[7] Falke, E., Beitrag zur Frage der Ziegeltrocknung. Die Ziegelindustrie 9 (1956), Heft 20, S. 757ff.
[8] Naumov, M. M., Abhängigkeit der Trocknungsgeschwindigkeit keramischer Erzeugnisse von ihrer relativen Zugdehnung. Steklo i keramika, Moskau, 19 (1962), Nr. 3.
[9] Bigot, A., Chimie physique. Retrait au séchage des kaolines et des argiles. Comptes des séances de l'Académie des Sciences, 21 mars 1921 – Vol. 172, S. 755–788.
[10] Piltz, G., Wege zur Begegnung von Trockenschwierigkeiten. Ziegeleitechnisches Jahrbuch 1960, S. 156ff. Bauverlag GmbH, Wiesbaden.
[11] Bergmann, K., Die Trocknung – ein Engpaß der Ziegelindustrie. Die Ziegelindustrie 7 (1954), Heft 17, S. 684ff.
[12] Piltz, G., Vergleich in der Grobkeramik angewandter Untersuchungsmethoden in bezug auf ihre Aussage über technologisches Verhalten der Rohstoffe und die Eigenschaften der daraus gefertigten Erzeugnisse. Nr. 1351 der Forschungsberichte des Landes Nordrhein-Westfalen. Westdeutscher Verlag, Köln und Opladen.
[13] Petrasch, H., Die Bedeutung und Durchführung von Korngrößenanalysen, insbesondere Siebanalysen, für die Praxis. Ziegeleitechnisches Jahrbuch 1960, S. 195ff. Bauverlag GmbH, Wiesbaden.
[14] Andreasen, A. H. M., Ein Apparat zur Feinheitsbestimmung nach der Pipettenmethode im besonderen Hinblick auf Betriebsuntersuchungen. Berichte der DKG 11 (1930), S. 239–262.
[15] Homayer, J., Textur- und Plastizitätsuntersuchungen. Die Ziegelindustrie 10 (1957), Heft 8, S. 238ff.

Abbildungsanhang

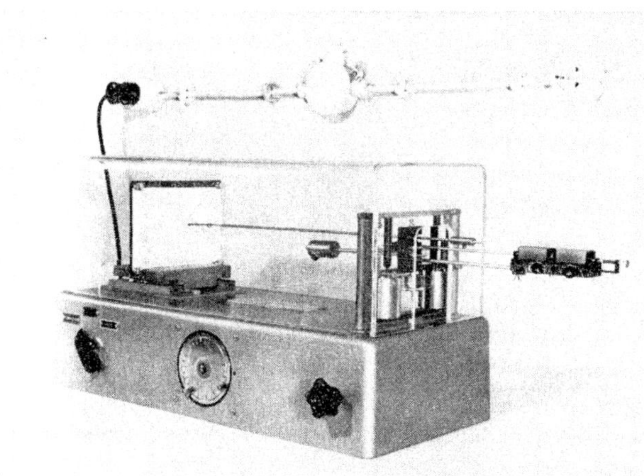

Abb. 1 Barelettograph

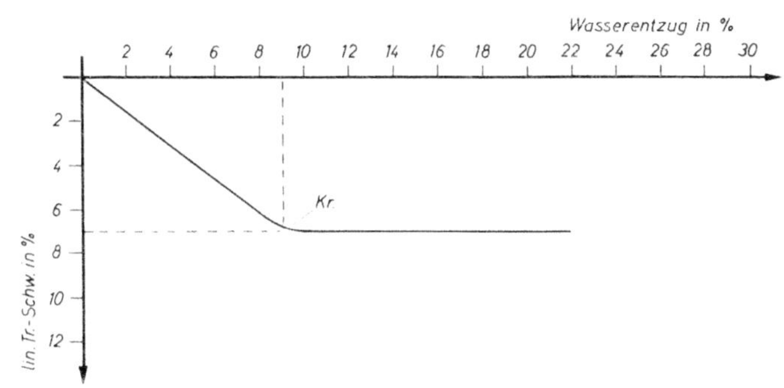

Abb. 2 Beispiel einer Bigotkurve

Abb. 3 Versuchsanordnung beim Test auf Trockenrißempfindlichkeit (Strömungsrichtung von links nach rechts)

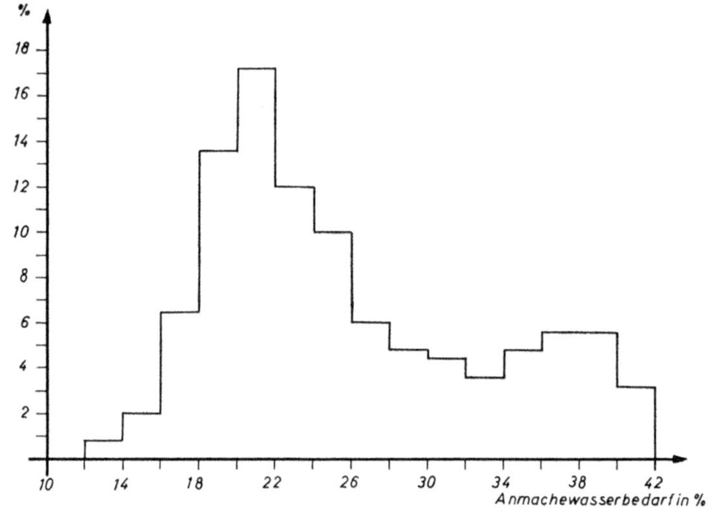

Abb. 4 Häufigkeitsdiagramm: Anmachewasserbedarf von 250 Ziegelrohstoffen

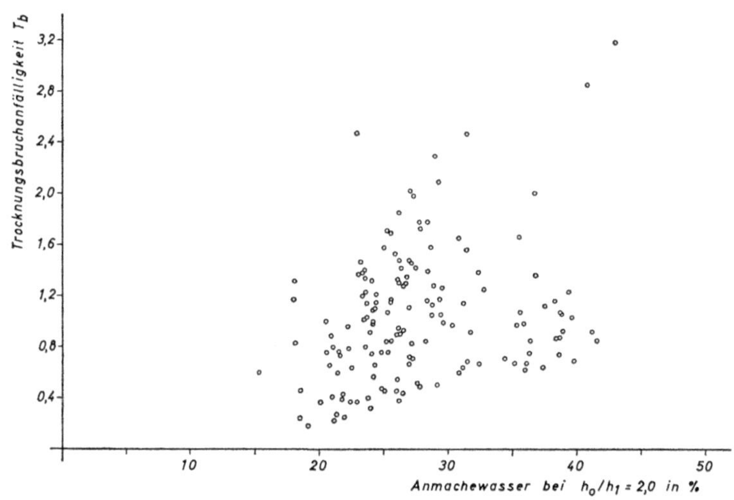

Abb. 5 Anmachewasserbedarf und Trocknungsbruchanfälligkeit von 150 Ziegelrohstoffen

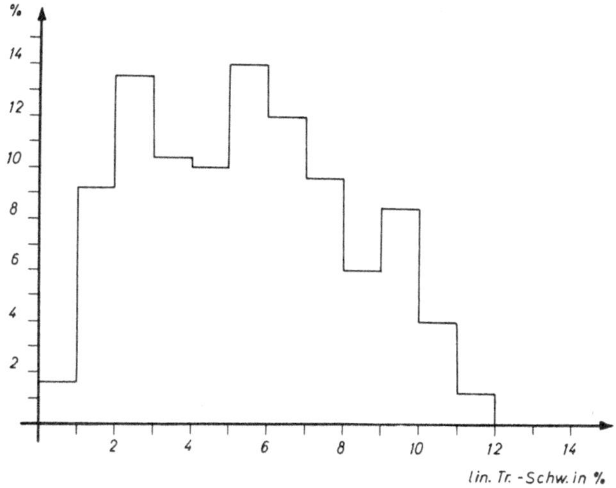

Abb. 6 Häufigkeitsdiagramm: Lineare Trockenschwindung von 250 Ziegelrohstoffen

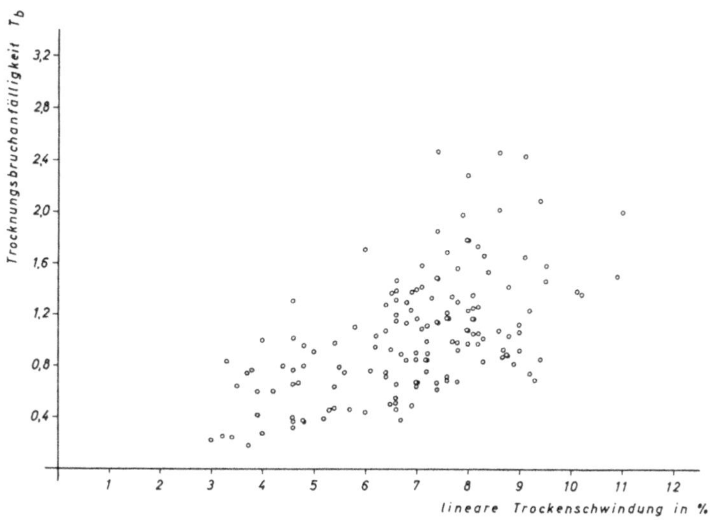

Abb. 7 Lineare Trockenschwindung und Trocknungsbruchanfälligkeit
von 150 Ziegelrohstoffproben

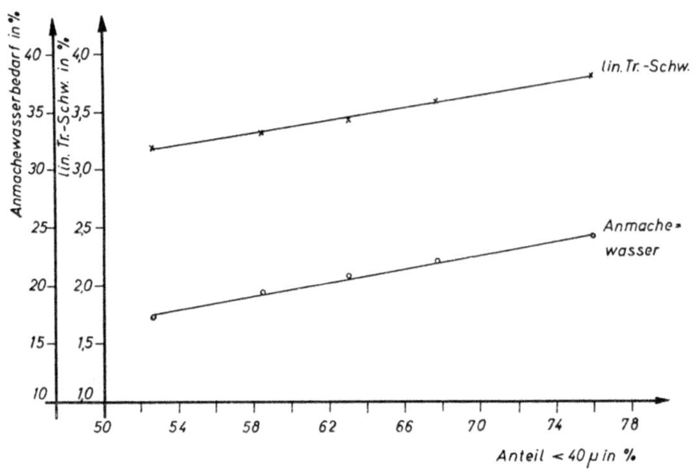

Abb. 8 Anmachewasserbedarf und lineare Trockenschwindung eines Tonschiefers in Abhängigkeit des Zerkleinerungsgrades

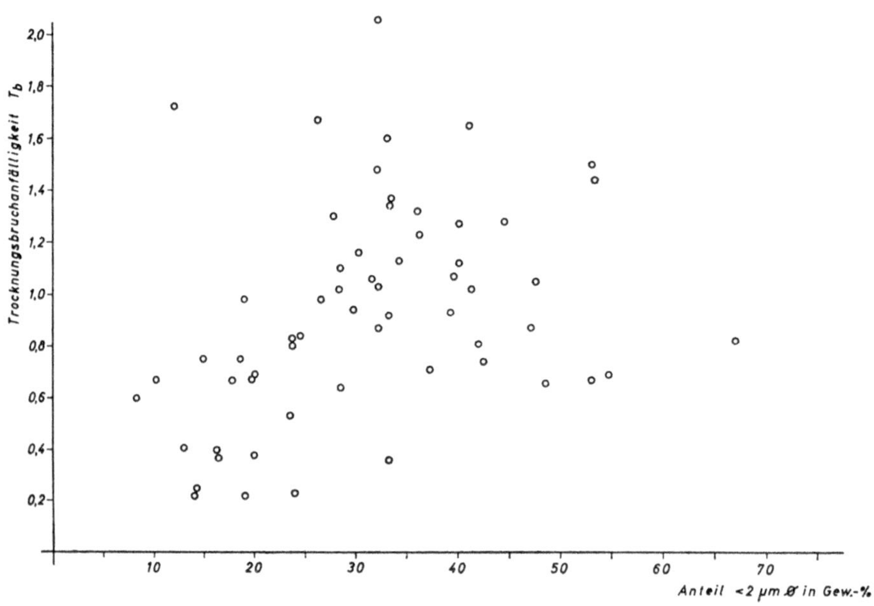

Abb. 9 Anteil < 2 μm ⌀ und Trocknungsbruchanfälligkeit von 60 Ziegelrohstoffen

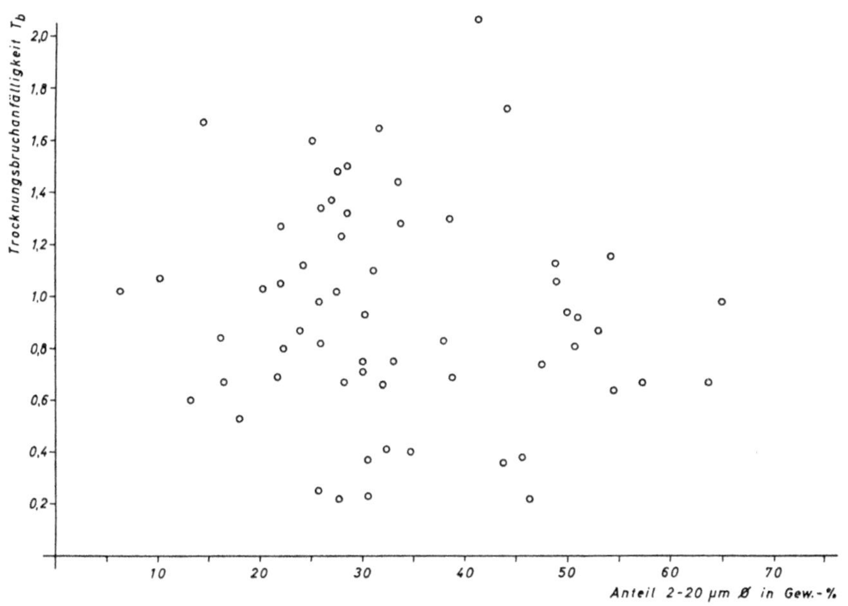

Abb. 10 Anteil 2–20 µm ∅ und Trocknungsbruchanfälligkeit von 60 Ziegelrohstoffen

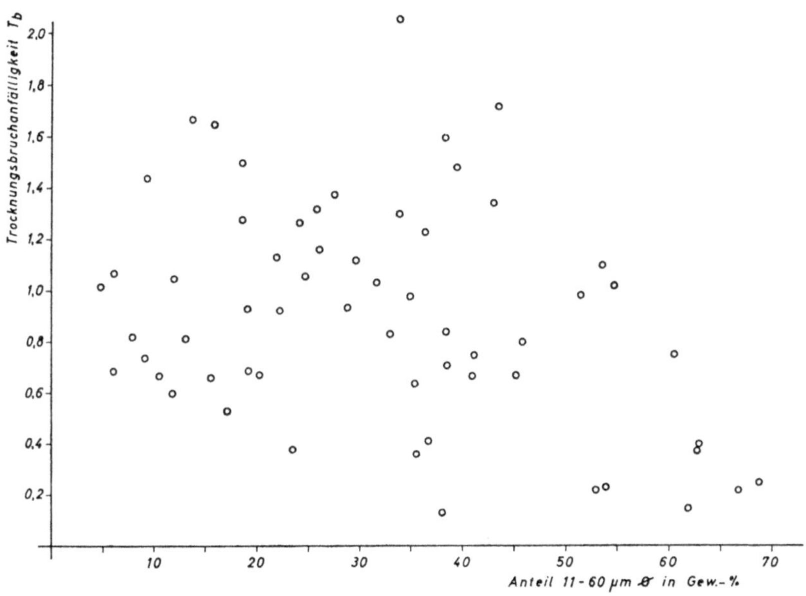

Abb. 11 Anteil 11–60 µm ∅ und Trocknungsbruchanfälligkeit von 60 Ziegelrohstoffen

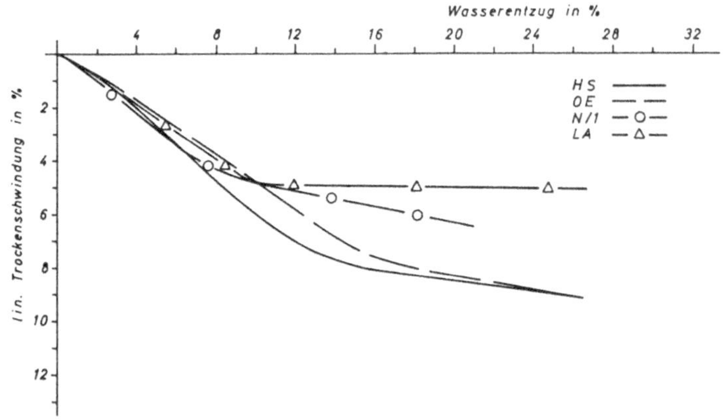

Abb. 12 Bigotkurven der erhöht trockenempfindlichen Materialien HS und N/1 sowie der weniger trockenempfindlichen Materialien OE und LA

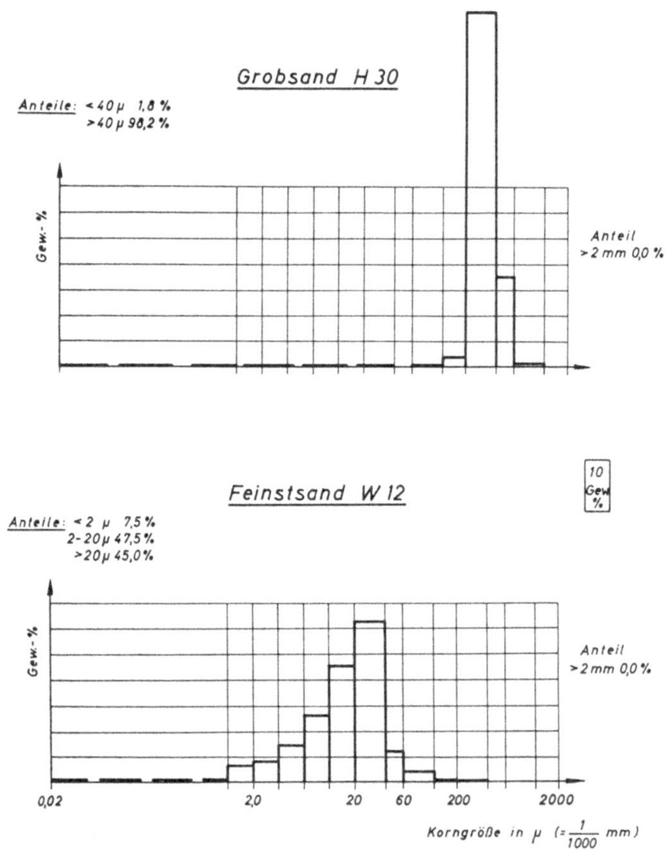

Abb. 13 Korngrößenverteilung der Magerungssande H 30 und W 12

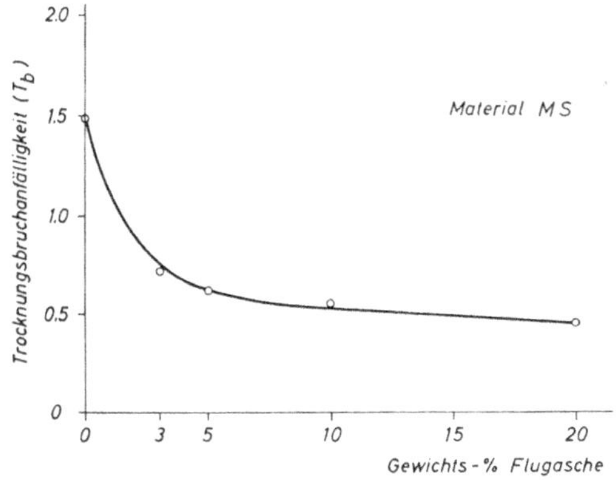

Abb. 14 Wirkung von Flugasche auf einen mergeligen Lehm von hoher Trockenempfindlichkeit

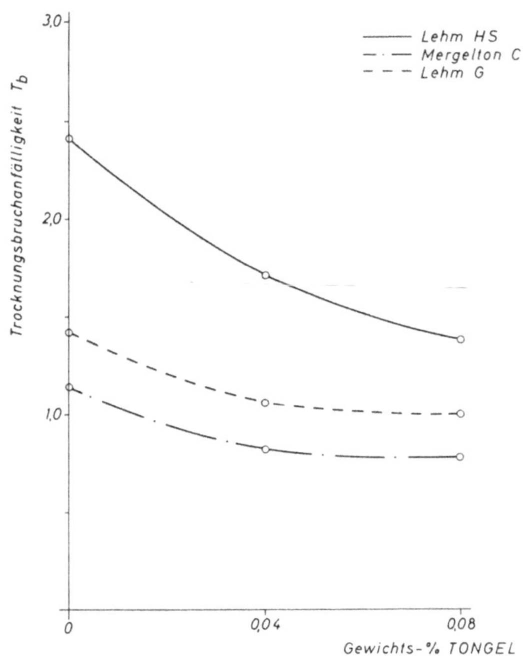

Abb. 15 Wirkung von TONGEL auf die Trocknungsbruchanfälligkeit von drei verschiedenartigen Ziegelrohstoffen

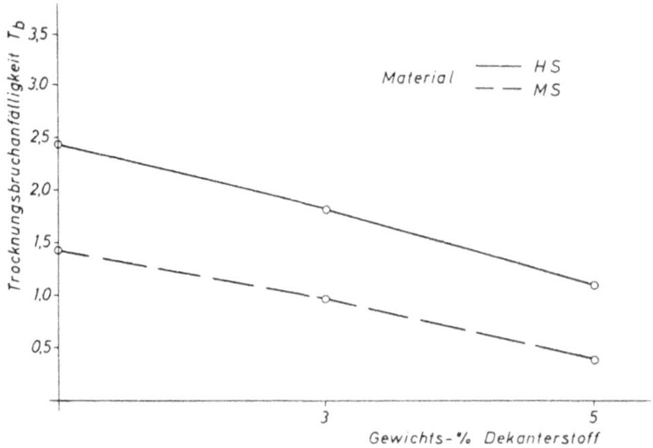

Abb. 16 Wirkung von Papierfasern auf zwei verschiedene trockenrißempfindliche Ziegellehme

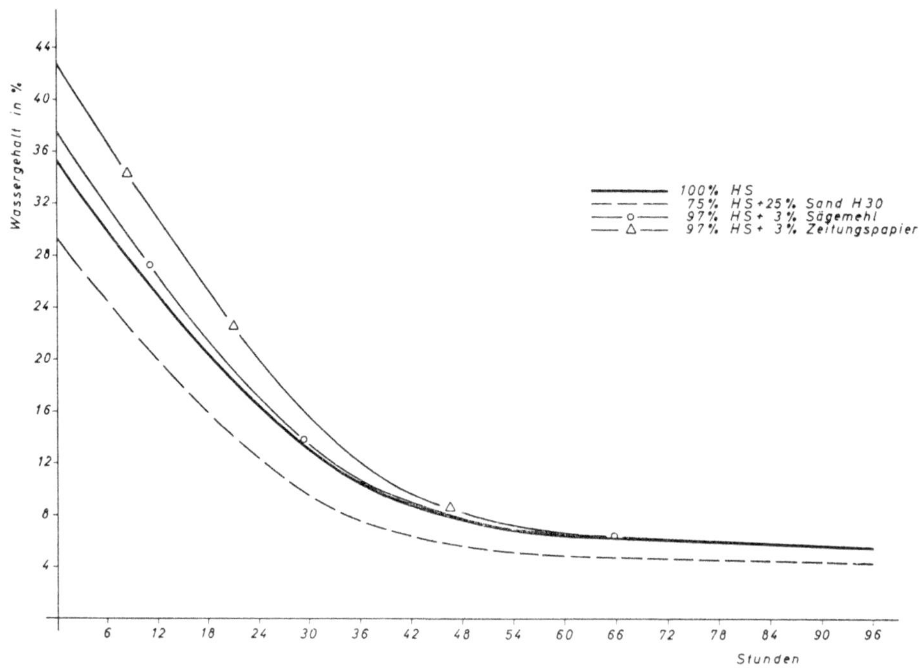

Abb. 17 Wasserentzugskurven von Versuchsziegeln aus Material HS ohne und mit Papier-Sägemehl- und Grobsandzusatz

Abb. 18 Feiner Ziegelsplitt, 25fach vergrößert
(Durchlichtaufnahme)

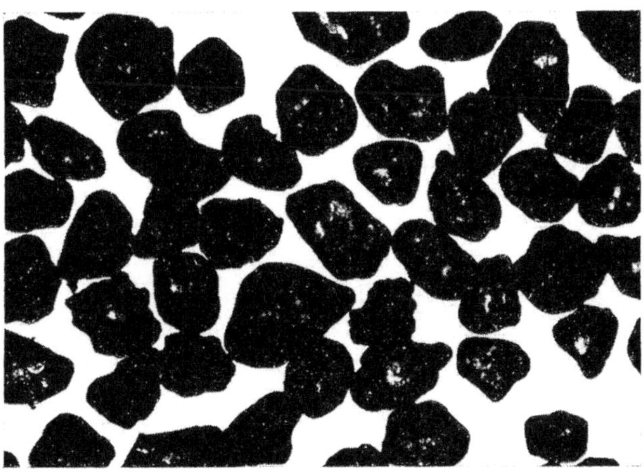

Abb. 19 Rundgewaschener Natursand, 50fach vergrößert.
(Durchlichtaufnahme)

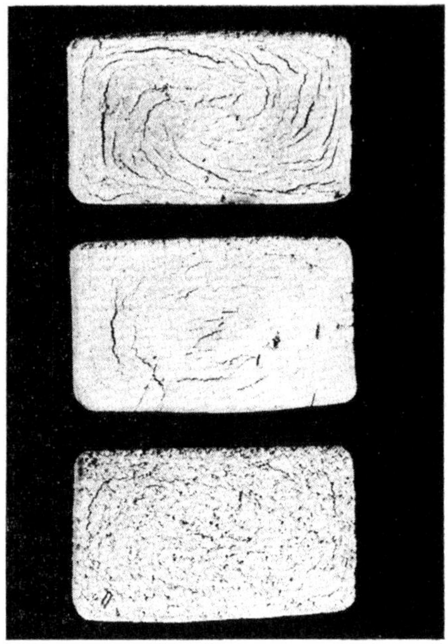

Abb. 20 Einfluß der Sandmagerung auf die Preßstrukturenbildung
Oben unvermischter Ziegelton, Mitte 25% Feinstsand, unten 25% Grobsandanteil

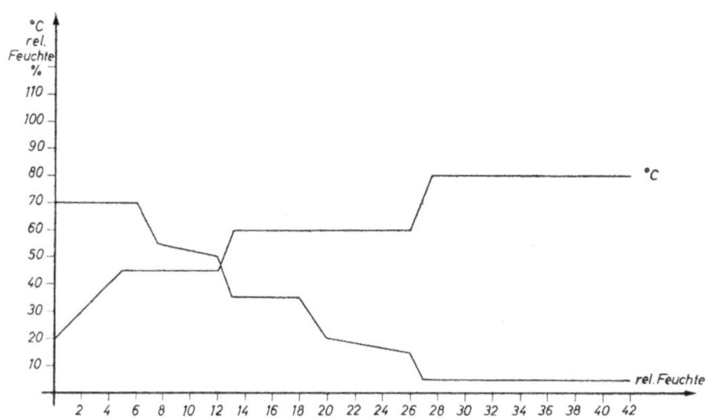

Abb. 21 Trocknungsprogramm (Beispiel)

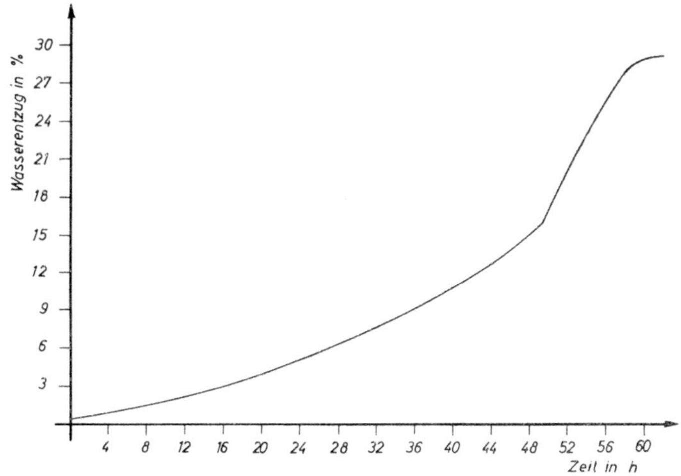

Abb. 22 Optimale Trocknungskurve eines Hochlochziegels aus hoch trocknungsbruchanfälligem Material

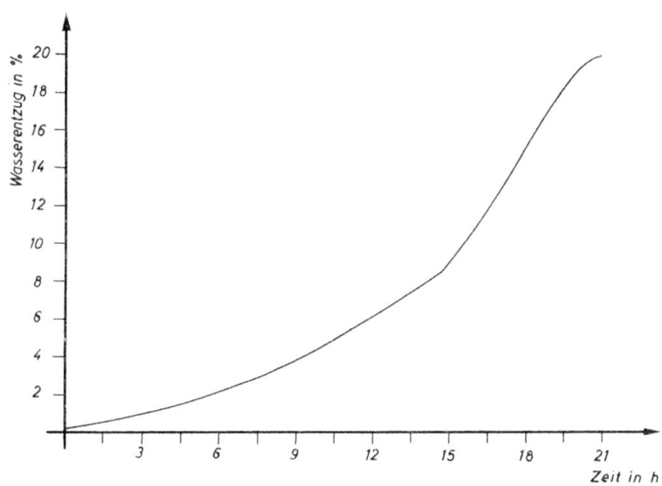

Abb. 23 Optimale Trocknungskurve eines Dachziegels aus erhöht trocknungsbruchanfälliger Masse

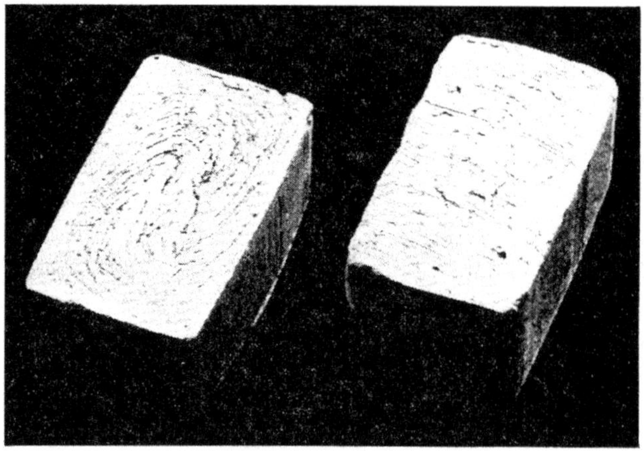

Abb. 24 Strangpreßformlinge eines erhöht strukturanfälligen Ziegeltones (links ohne, rechts mit 5% Papierfasern)

Forschungsberichte des Landes Nordrhein-Westfalen

Herausgegeben im Auftrage des Ministerpräsidenten Heinz Kühn
von Staatssekretär Professor Dr. h. c. Dr. E. h. Leo Brandt

Sachgruppenverzeichnis

Acetylen · Schweißtechnik

Acetylene · Welding gracitice
Acétylène · Technique du soudage
Acetileno · Técnica de la soldadura
Ацетилен и техника сварки

Arbeitswissenschaft

Labor science
Science du travail
Trabajo científico
Вопросы трудового процесса

Bau · Steine · Erden

Constructure · Construction material · Soil research
Construction · Matériaux de construction · Recherche souterraine
La construcción · Materiales de construcción · Reconocimiento del suelo
Строительство и строительные материалы

Bergbau

Mining
Exploitation des mines
Minería
Горное дело

Biologie

Biology
Biologie
Biologia
Биология

Chemie

Chemistry
Chimie
Quimica
Химия

Druck · Farbe · Papier · Photographie

Printing · Color · Paper · Photography
Imprimerie · Couleur · Papier · Photographie
Artes gráficas · Color · Papel · Fotografía
Типография · Краски · Бумага · Фотография

Eisenverarbeitende Industrie

Metal working industry
Industrie du fer
Industria del hierro
Металлообработывающая промышленность

Elektrotechnik · Optik

Electrotechnology · Optics
Electrotechnique · Optique
Electrotécnica · Optica
Электротехника и оптика

Energiewirtschaft

Power economy
Energie
Energía
Энергетическое хозяиство

Fahrzeugbau · Gasmotoren

Vehicle construction · Engines
Construction de véhicules · Moteurs
Construcción de vehículos · Motores
Производство транспортных · Средств

Fertigung

Fabrication
Fabrication
Fabricación
Производство

Funktechnik · Astronomie

Radio engineering · Astronomy
Radiotechnique · Astronomie
Radiotécnica · Astronomía
Радиотехника и астрономия

Gaswirtschaft

Gas economy
Gaz
Gas
Газовое хозяйство

Holzbearbeitung

Wood working
Travail du bois
Trabajo de la madera
Деревообработка

Hüttenwesen · Werkstoffkunde

Metallurgy · Materials research
Métallurgie · Materiaux
Metalurgia · Materiales
Металлургия и материаловедение

Kunststoffe

Plastics
Plastiques
Plásticos
Пластмассы

Luftfahrt · Flugwissenschaft

Aeronautics · Aviation
Aéronautique · Aviation
Aeronáutica · Aviación
Авиация

Luftreinhaltung

Air-cleaning
Purification de l'air
Purificación del aire
Очищение воздуха

Maschinenbau

Machinery
Construction mécanique
Construcción de máquinas
Машиностроительство

Mathematik

Mathematics
Mathématiques
Mathemáticas
Математика

Medizin · Pharmakologie

Medicine · Pharmacology
Médecine · Pharmacologie
Medicina · Farmacología
Медицина и фармакология

NE-Metalle

Non-ferrous metal
Metal non ferreux
Metal no ferroso
Цветные металлы

Physik

Physics
Physique
Física
Физика

Rationalisierung

Rationalizing
Rationalisation
Racionalización
Рационализация

Schall · Ultraschall

Sound · Ultrasonics
Son · Ultra-son
Sonido · Ultrasónico
Звук и ультразвук

Schiffahrt

Navigation
Navigation
Navegación
Судоходство

Textilforschung

Textile research
Textiles
Textil
Вопросы текстильной промышленности

Turbinen

Turbines
Turbines
Turbinas
Турбины

Verkehr

Traffic
Trafic
Tráfico
Транспорт

Wirtschaftswissenschaften

Political economy
Economie politique
Ciencias económicas
Экономические науки

Einzelverzeichnis der Sachgruppen bitte anfordern

Westdeutscher Verlag · Köln und Opladen
567 Opladen/Rhld., Ophovener Straße 1–3, Postfach 1620

GPSR Compliance

The European Union's (EU) General Product Safety Regulation (GPSR) is a set of rules that requires consumer products to be safe and our obligations to ensure this.

If you have any concerns about our products, you can contact us on ProductSafety@springernature.com

In case Publisher is established outside the EU, the EU authorized representative is:

Springer Nature Customer Service Center GmbH
Europaplatz 3
69115 Heidelberg, Germany

Batch number: 10584556

Printed by Printforce, the Netherlands